Swifter

100个Swift开发必备Tip

王巍 著

電子工業出版社
Publishing House of Electronics Industry
北京•BEIJING

内容简介

作者赴美参加了 Apple 的 WWDC 14，亲眼见证了 Swift 的发布，并从这门语言正式诞生的第一分钟就开始学习和钻研。在本书中作者将自己的经验加以总结和整理，以一个个的小技巧和知识点的形式揭示出来。全书共有 100 节，每一节都是一个相对独立的主题，涵盖了一个中高级开发人员需要知道的 Swift 语言的方方面面。

本书非常适合用作官方文档的参考和补充，相信也会是 iOS 中级开发人员很喜爱的 Swift 进阶读本。

图书在版编目（CIP）数据

Swifter：100 个 Swift 开发必备 Tip / 王巍著. — 北京：电子工业出版社，2015.5
ISBN 978-7-121-25796-4
I. ① S…II. ① 王…III. ① 程序语言 – 程序设计 IV. ① TP312

中国版本图书馆 CIP 数据核字（2015）第 065963 号

责任编辑：许　艳
印　　刷：北京丰源印刷厂
装　　订：三河市皇庄路通装订厂
出版发行：电子工业出版社
　　　　　北京市海淀区万寿路 173 信箱　　邮编 100036
开　　本：787×980　1/16　印张：17.5　字数：388 千字
版　　次：2015 年 5 月第 1 版
印　　次：2015 年 7 月第 2 次印刷
印　　数：3001 ～ 4500 册　　定价：69.00 元

凡所购买电子工业出版社图书有缺损问题，请向购买书店调换。若书店售缺，请与本社发行部联系，联系及邮购电话：（010）88254888。

质量投诉请发邮件至 zlts@phei.com.cn，盗版侵权举报请发邮件至 dbqq@phei.com.cn。

服务热线：（010）88258888。

推荐序

让雨燕飞翔

在 2014 年 6 月之前，如果我们在 Google 中输入“Swift”进行查找，搜到的是美国创作型歌手、大美女泰勒 · 斯威夫特。今天我们再去做同样的检索，搜索结果是一门编程语言，这门编程语言的名字就叫作“Swift”，它的 Logo 是一只极速飞翔的雨燕。

Swift 是 Apple 公司在 2014 年 WWDC 大会上推出的一门新语言，用于在 iOS/OS X 平台上开发应用程序，之前独霸这个庞大平台的语言一直是 Objective-C。可以说 Swift 是我所见过关注度最高的新语言，刚推出即万众瞩目，媒体和开发者在数天之内对 Swift 进行了集中的报道和讨论，英文手册迅速被翻译成中文，即使是谷歌 2009 年推出 Go 语言时也没有如此浩大的声势。时至今日，已经有大量的独立应用是基于 Swift 开发构建的。

2007 年之前，Objective-C 一直是 Apple 自家后院的小众语言，iOS 移动设备的爆发让这门语言的普及率获得了火箭一般的蹿升速度，截止到今天，Objective-C 在编程语言排行榜上排名第三，江湖人称三哥。Apple 一直在不遗余力地优化 Objective-C，包括把 GCC 的编译链替换成 LLVM + GCC，又替换成 LLVM + Clang，做语法简化、自动引用计数、增加 Blocks 和 GCD 多线程异步处理技术……既然已经全盘掌握了 LLVM 和 Clang 技术，为什么不开发一门新语言呢？于是 Swift 语言诞生了。

Swift 的作者是天才的 70 后程序员 Chris Lattner，他同时是 LLVM 项目的主要发起人与作者之一、Clang 编译器的作者。Chris 毕业的时候正是 Apple 为了编译器焦头烂额的时候，因为 Apple 之前的软件产品都依赖于整条 GCC 编译链，而开源界的大爷们并不买 Apple 的账，他们不愿意专门为了 Apple 公司的需求优化和改进 GCC 代码，所以 Apple 经过慎重的考虑后将编译器后端替换为 LLVM，并且把 Chris 招入麾下。Chris 进入了 Apple 之后如鱼得水，不仅大幅度优化和改进 LLVM 以适应 Objective-C 的语法变革和性能要求，同时发起了 Clang 项目，旨在全面替换 GCC。这个目标已经实现了，从 OS X 10.9 和 XCode 5 开始，LLVM + GCC 已经被替换成了 LLVM + Clang。

Swift 是 Chris 在 LLVM 和 Clang 之后第三个伟大的项目！

Swift 是一门博采众长的现代语言，在设计的过程中，Chris 参考了 Objective-C、Rust、Haskell、Ruby、Python、C# 等优秀语言的特点，Swift 的语法特性最终形成。Swift 是面向 Cocoa 和 Cocoa Touch 的编程语言，编译型，类型安全，生产环境的代码都需要 LLVM 编译成本地代码才能执行，但是 Swift 又具备很多动态语言的语法特性和交互方式，支持各种高级语言特性，包括闭包、泛型、面向对象、多返回值、可选变量、类型接口、元组、集合等。

很显然，这是一门准备取代 Objective-C 的编程语言，它将吸引更多的开发者加入苹果的软件生态圈，为 iOS 和 OS X 开发出更为丰富的 App。如果你是 App Store 的开发者，推荐尽早学习和掌握这门苹果力推的新语言。对于大部分新事物来说，越早介入，收获越大。

Swift 入门并不困难，Apple 公司甚至为这门语言提供了所写即所得的 Playground 功能，不仅实现了很多脚本语言支持的交互式编程，而且提供控制台输出、实时图形图像、时间线（timeline）变量跟踪等功能，开发者除了可以看到代码的实时运行结果，还能根据时间线阅读某个变量在代码片段中值的变化。这真是太棒了！另外，阅读官方提供的《The Swift Programming Language》也是快速入门的途径，Cocoa 开发者社区甚至在第一时间提供了高质量的中译本。

问题的关键是入门了之后怎么办？当你读完教程学习了语法，自觉成竹在胸拔剑四顾的时候，突然发现 Swift 在实际的项目应用中会出现各种各样的问题，就像你手持一柄玄铁重剑，却无法洞悉剑诀的奥秘。如何让“雨燕”迅疾地飞翔？这就是《Swifter：100 个 Swift 开发必备 Tip》这本书要解决的问题。

本书作者王巍是我非常尊敬的一位 iOS 开发者，他的网络 ID 是“onevcat”，大家都叫他喵神。王巍毕业于清华大学，在校期间就对 iOS 开发一往情深，曾经开发出《小熊推金币》《Pomo Do》等一系列优秀的 iOS 游戏和应用。工作和开发之余，王巍也在参与 iOS 开发社区的建设，比如发起和组织翻译项目“objc 中国”，开源 Xcode 插件 VVDocumenter 项目等，这本《Swifter：100 个 Swift 开发必备 Tip》同样是他对社区的贡献之一。

王巍是一个在技术上对自己有要求的程序员，在涉及的每个领域，他都希望能够做到庖丁解牛，游刃有余。既能洞悉全局，又可直达细节。王巍 2014 年赴美参加了 Apple 的 WWDC 大会。可以说，从 Swift 诞生的那一分钟起，王巍就开始学习和研究这门语言。他在自己的博文《行走于 Swift 的世界中》阐述了大量 Swift 的语法细节和底层实现机制，并对这篇文章进行了持续的更新，这篇文章在 Swift 社区获得了巨大的反响。之后，王巍持续学习 Swift 语言，并进行了编程实践和项目实战，他把自己的学习心得和编程技巧进行了梳理和完善，最终形成了这本《Swifter：100 个 Swift 开发必备 Tip》。书中共有 100 个 Swift 编程技巧，几乎涵盖了 Swift 语言的所有细节，每篇独立成文，可拆可合，读者可以随时翻阅，也可以遇到实际问题后再来检索。

这本书最早的版本是电子书，我在它出版的第一时间就买了来读，之后随用随读，这本书让我对 Swift 语言有了更为深入的了解，也解决了我的团队在开发过程中的很多实际问题。所以，当获知王巍的这本书要出纸版的时候，我觉得我有责任让更多的人知道这本书。在目前这样一个知识版权认知匮乏的年代，优秀的原创作者总是值得尊敬，他们的图书作品也值得我们珍惜，我希望把这本书推荐给每一个 iOS 开发者，它值得我这么做。

目前王巍旅居日本，就职于即时通信软件公司 Line。他依然行走在修行的路上，孜孜以求创意之源。祝愿在未来的日子里，王巍能为这个世界呈现更好的软件产品和技术图书。落花无言，人淡如菊，书之岁华，其曰可读。这大概就是王巍目前的写照。

作为开发者，我们要做的就是找到这个领域的灯塔，阅读、学习，然后 Write the code, Change the world，并期待下一个收获的季节！

祝大家学得开心！

池建强
《MacTalk · 人生元编程》作者
微信平台 MacTalk 出品人
2015 年，春

序

虽然我们都希望能尽快开始在 Swift 的世界里遨游，但是我觉得仍然有必要花一些时间对本书的写作目的和适合哪些读者进行必要说明。我不喜欢自吹自擂，也无法承担“骗子”的骂名。在知识这件严肃的事情上，我并不希望对读者产生任何误导。作为读者，您一定想要找一本适合自己的书；而作为作者，我也希望找到自己的伯乐和子期。

为什么要写这本书

中文的科技书太少了，内容也太浅了。这是国内市场尴尬的现状，真正有技术的大牛不在少数，但他们很多并不太愿意通过出书的方式来分享他们的知识，一方面原因是回报率实在太低，另一方面是出版的流程过于烦琐。这就导致了市面上充斥着一些习惯于出版业务，但是却丝毫无视质量和素质的“流氓”作者，以及他们制造的“流水线”图书。

特别是对于 Swift 语言来说，这个问题尤其严重。iOS 开发不可谓不火热，每天都有大量的开发者涌入这个平台。而 Swift 的发布更使得原本高温的市场更上一层楼。但是市面上随处可见的都是各种《××× 开发指南》《××× 权威指南》或者《21 天学会 ×××》式的中文资料。这些图书大致都是对官方文档的翻译，并没有什么实质的见解，可以说内容单一，索然无味。作为读者，很难理解作者写作的重心和目的（其实说实话，大部分情况下这类书的作者自己都不知道写作的重心和目的是什么），这样的“为了出版而出版”的图书可以说除了增加世界的熵以外，几乎毫无价值。

如果想要入门 Swift 语言，阅读 Apple 官方教程和文档无论从条理性和权威性来说，都是更好的选择。而中国的 Cocoa 开发者社区也以令人惊叹的速度完成了对文档的高品质翻译，这在其他任何国家都是让人眼红的一件事情。因此，如果您初学程序设计或者 Swift 语言，相比起那些“泯灭良心”（抱歉我用了这个词，希望大家不要对号入座）的“入门书籍”，我更推荐您看这份翻译后的官方文档[1]，这是非常珍贵的资源。

说到这里，可以谈谈这本《Swifter：100 个 Swift 开发必备 Tip》的写作目的了。很多 Swift 的学习者，包括新接触 Cocoa/Cocoa Touch 开发的朋友，以及之前就使用 Objective-C 的朋友，所面临的一个共同的问题是，入门以后应该如何进一步提高。也许你也有过这样的感受：在阅读完 Apple 的教程后，觉得自己已经学会了 Swift 的语法和使用方式，你满怀信心地打开 Xcode，新建了一个 Swift 项目，想写点什么，却发现实际上不是那么回事。你需要联想 Optional 应该在什么时候使用，你可能发现本已熟知的 API 突然不太确定要怎么表达，你可能遇到怎么也编译不了的问题但却不知如何改正。这些现象都非常正常，因为教程是为了展示某个语法点而写的，而几乎不涉及实际项目中应该如何使用的范例。本书的目的就是为广大已经入门了 Swift 的开发者提供一些参考，以期能迅速提升他们在实践中的能力。因为这部分的中级内容是我自己力所能及，有自信心能写好的，也是现在广大 Swift 学习者所缺乏和急需的。

这本书是什么

本书是 Swift 语言的知识点的集合。我自己是赴美参加了 Apple 的 WWDC 14 的，也正是在这届开发者大会上，Swift 横空出世。毫不夸张地说，从 Swift 正式诞生的第一分钟开始，我就在学习这门语言。虽然天资驽钝，不得其所，但是在这段集中学习和实践的时间里，也还算总结了一些心得，而我把这些总结加以整理和示例，以一个个的小技巧和知识点的形式，编写成了这本书。全书共有 100 节，每一节都是一个相对独立的主题，涵盖了一个中高级开发人员需要知道的 Swift 语言的方方面面。

这本书非常适合用作官方文档的参考和补充，也会是中级开发人员很喜爱的 Swift 进阶读本。具体每节的内容，可以参看本书的目录。

这本书不是什么

这本书**不是** Swift 的入门教程，也**不会**通过具体的完整实例引导你用 Swift 开发出一个像是计算器或者记事本这样的 app。这本书的目的十分纯粹，就是探索那些不太被人注意，但是又在每天的开发中可能经常用到的 Swift 特性。这本书并不会系统地介绍 Swift 的语法和特性，因为基于本书的写作目的和内容特点，采用松散的模式和非线性的组织方式会更加适合。

[1] *http://numbbbbb.gitbooks.io/-the-swift-programming-language-/*

换言之，如果你是想找一本 Swift 从零开始的书，那这本书不应该是你的选择。你可以在阅读 Apple 文档后再考虑回来看这本书。

组织形式和推荐阅读方式

100 个 Tip 其实不是一个小数目。本书每节的内容是相对独立的，也就是说你没有必要从头开始看，随手翻开到任何一节都是没问题的。当然，按顺序看是最理想的阅读方式，因为在写作时我特别注意了让靠前的节不涉及后面节的内容；另一方面，位置靠后的节如果涉及之前节的内容的话，我添加了相关节的交叉引用，这可以帮助迅速复习和回顾之前的内容。我始终坚信不断地重复和巩固，是真正掌握知识的唯一途径。

您可以通过目录快速地在不同节之间选择自己感兴趣或需要了解的内容。如果遇到您不感兴趣或者已经熟知的节，您也完全可以暂时先跳过去，这不会影响您对本书的阅读和理解。

建议您阅读本书时开启 Xcode 环境，并且对每一节中的代码进行验证，这有利于您真正理解代码示例想表达的意思，也有利于记忆的形成。每一段代码示例都不太长，却经过了精心的准备，能很好地说明本节内容，希望您在每一处都能通过代码和我进行心灵上的“对话”。

代码运行环境

书中每一节基本都配有代码示例的说明。这些代码一般来说包括 Objective-C 或者 Swift 的代码。理论上来说所有代码都可以在 Swift 1.1 （也就是 Xcode 6.1）版本环境下运行。当然因为 Swift 版本变化很快，可能部分代码需要微调或者结合一定的上下文环境才能运行，但我相信这种调整是显而易见的。如果您发现明显的代码错误和无法运行的情况，欢迎随时与我联系，我将尽快修正。

如果没有特别说明，这些代码在 Playground 和项目中都应该可以运行，并拥有同样表现。但是也存在一些代码只能在 Playground **或者**项目文件中才能正确工作的情况，这主要是因为平台限制的因素，如果出现这种情况，我都会在相关节中特别加以说明。

勘误和反馈

Swift 仍然在高速发展中，本书当前版本是基于 Swift 1.1 的。随着 Swift 的新特性引入及错误修正，本书难免会存在部分错误或者过时的情况。虽然我会随着 Swift 的发展继续不断完善和修正这本书，但是这个过程亦需要时间。

另外由于作者水平有限，书中也难免会出现一些错误或者纰漏，如果您在阅读时发现了任何问题，可以直接向我反馈，我将尽快确认和修正。

致谢与提醒

首先想感谢您购买了这本书。我其实是怀着忐忑的心情写下这些文字的，小心翼翼地希望没有触动太多人。这本书所提供的知识我想应该是超过它的售价的，但在选择前还是请您再三考虑。

目录

Swift 新元素

Tip 1 柯里化 (Currying)

在 Swift 中可以将方法进行柯里化（Currying）[1]，也就是把接受多个参数的方法变换成接受第一个参数的方法，并且返回接受余下的参数、返回结果的新方法。举个例子，在 Swift 中我们可以这样写出多个括号的方法：

```
func addTwoNumbers(a: Int)(num: Int) -> Int {
    return a + num
}
```

然后通过只传入第一个括号内的参数进行调用，这样将返回另一个方法：

```
let addToFour = addTwoNumbers(4)    // addToFour 是一个 Int -> Int
let result = addToFour(num: 6)      // result = 10
```

或者：

```
func greaterThan(comparor: Int)(input : Int) -> Bool{
    return input > comparor;
}

let greaterThan10 = greaterThan(10);

greaterThan10(input : 13)    // 结果是 true
greaterThan10(input : 9)     // 结果是 false
```

柯里化是一种量产相似方法的好办法，可以通过柯里化一个方法模板来避免写出很多重复代码，也方便了今后维护。

举一个实际应用时的例子，在 Selector 一节中，我们提到了在 Swift 中 Selector 只能使用字符串生成。这面临一个很严重的问题，就是难以重构，并且无法在编译期间进行检查，其实这是十分危险的行为。但是 target-action 又是 Cocoa 中如此重要的一种设计模式，无论何

[1] *http://en.wikipedia.org/wiki/Currying*

处情况下我们都想安全地使用的话，应该怎么办呢？一种可能的解决方式就是利用方法的柯里化。Ole Begemann 在这篇帖子[2]里提到了一种很好的封装，这为我们如何借助柯里化安全地改造和利用 target-action 提供了不少思路。

```
protocol TargetAction {
    func performAction()
}

struct TargetActionWrapper<T: AnyObject>:
                              TargetAction {
    weak var target: T?
    let action: (T) -> () -> ()

    func performAction() -> () {
        if let t = target {
            action(t)()
        }
    }
}

enum ControlEvent {
    case TouchUpInside
    case ValueChanged
    // ...
}


class Control {
    var actions = [ControlEvent: TargetAction]()

    func setTarget<T: AnyObject>(target: T,
                   action: (T) -> () -> (),
                controlEvent: ControlEvent) {

        actions[controlEvent] = TargetActionWrapper(
            target: target, action: action)
    }
```

[2] *http://oleb.net/blog/2014/07/swift-instance-methods-curried-functions/?utm_campaign=iOS_Dev_Weekly_Issue_157&utm_medium=email&utm_source=iOS%2BDev%2BWeekly*

```
    func removeTargetForControlEvent(controlEvent: ControlEvent) {
        actions[controlEvent] = nil
    }

    func performActionForControlEvent(controlEvent: ControlEvent) {
        actions[controlEvent]?.performAction()
    }
}
```

Tip 2　将 protocol 的方法声明为 mutating

Swift 的 protocol 不仅可以被 class 类型实现，也适用于 struct 和 enum。因为这个原因，我们在写接口给别人用时需要多考虑是否使用 mutating 来修饰方法，比如定义为 mutating func myMethod()。Swift 的 mutating 关键字修饰方法是为了能在该方法中修改 struct 或 enum 的变量，所以如果你没在接口方法里写 mutating 的话，别人如果用 struct 或者 enum 来实现这个接口的话，就不能在方法里改变自己的变量了。比如下面的代码：

```
protocol Vehicle
{
    var numberOfWheels: Int {get}
    var color: UIColor {get set}

    mutating func changeColor()
}

struct MyCar: Vehicle {
    let numberOfWheels = 4
    var color = UIColor.blueColor()

    mutating func changeColor() {
        color = UIColor.redColor()
    }
}
```

如果把 protocol 定义中的 mutating 去掉的话，MyCar 就怎么都过不了编译了：保持现有代码不变的话，会报错说没有实现接口；如果去掉 mutating 的话，会报错说不能改变结构体成员。这个接口的使用者的忧伤的眼神，相信你能想象得出。

另外，在使用 class 来实现带有 mutating 的方法的接口时，具体实现的前面是不需要加 mutating 修饰的，因为 class 可以随意更改自己的成员变量。所以说在接口里用 mutating 修饰方法，对于 class 的实现是完全透明，可以当作不存在的。

Tip 3 Sequence

Swift 的 `for...in` 可以用在所有实现了 SequenceType 的类型上，而为了实现 SequenceType 你首先需要实现一个 GeneratorType。比如一个实现了反向的 generator 和 sequence 可以这么写：

```
// 先定义一个实现了 GeneratorType protocol 的类型
// GeneratorType 需要指定一个 typealias Element
// 以及提供一个返回 Element? 的方法 next()
class ReverseGenerator: GeneratorType {
    typealias Element = Int

    var counter: Element
    init<T>(array: [T]) {
        self.counter = array.count - 1
    }

    init(start: Int) {
        self.counter = start
    }

    func next() -> Element? {
        return self.counter < 0 ? nil : counter--
    }
}

// 然后我们来定义 SequenceType
// 和 GeneratorType 很类似，不过换成指定一个 typealias Generator
// 以及提供一个返回 Generator? 的方法 generate()
```

```
struct ReverseSequence<T>: SequenceType {
    var array: [T]

    init (array: [T]) {
        self.array = array
    }

    typealias Generator = ReverseGenerator
    func generate() -> Generator {
        return ReverseGenerator(array: array)
    }
}

let arr = [0,1,2,3,4]

// 对 SequenceType 可以使用 for...in 来循环访问
for i in ReverseSequence(array: arr) {
    println("Index \(i) is \(arr[i])")
}
```

输出为：

```
Index 4 is 4
Index 3 is 3
Index 2 is 2
Index 1 is 1
Index 0 is 0
```

如果我们想要深究 for...in 这样的方法到底做了什么的话，我们将其展开，大概会是下面这样：

```
var g = array.generate()
while let obj = g.next() {
    println(obj)
}
```

顺便你可以免费得到的收益是你可以使用像 map 、filter 和 reduce 这些方法，因为它们都有对应 SequenceType 的版本：

```
func map<S : SequenceType, T>(source: S,
      transform: (S.Generator.Element) -> T) -> [T]

func filter<S : SequenceType>(source: S,
      includeElement: (S.Generator.Element) -> Bool) -> [S.
          Generator.Element]

func reduce<S : SequenceType, U>(sequence: S,
      initial: U, combine: (U, S.Generator.Element) -> U) -> U
```

Tip 4 多元组（Tuple）

多元组是我们的“新朋友”，多尝试使用这个新特性，会让工作轻松不少。

比如交换输入，普通程序员“亘古以来”可能都是这么写的：

```
func swapMe<T>(inout a: T, inout b: T) {
    let temp = a
    a = b
    b = temp
}
```

但是要是使用多元组的话，我们不使用额外空间就可以完成交换，一下子就实现了“文艺程序员”的写法：

```
func swapMe<T>(inout a: T, inout b: T) {
    (a,b) = (b,a)
}
```

另外一个挺常用的地方是错误处理。在 Objective-C 时代我们已经习惯了在需要错误处理的时候先做一个 NSError 的指针，然后将地址传到方法里等待填充：

```
NSError *error = nil;
BOOL success = [[NSFileManager defaultManager]
                        moveItemAtPath:@"/path/to/target"
                                toPath:@"/path/to/destination"
                                 error:&error];
if (!success) {
    NSLog(@"%@", error);
}
```

现在我们写库的时候可以考虑直接返回一个带有 NSError 的多元组，而不是去填充地址了：

```
func doSomethingMightCauseError() -> (Bool, NSError?) {
    //...做某些操作，成功结果放在 success 中
    if success {
        return (true, nil)
    } else {
        return (false, NSError(domain:"SomeErrorDomain",
                                    code:1, userInfo: nil))
    }
}
```

在使用的时候，与之前的做法相比，现在就更简单了：

```
let (success, maybeError) = doSomethingMightCauseError()
if let error = maybeError {
    // 发生了错误
}
```

> 一个有趣但是不被注意的事实，其实在 Swift 中任何东西都是放在多元组里的。不相信？试试看输出这个吧：
>
> ```
> var num = 42
> println(num)
> println(num.0.0.0.0.0.0.0.0.0.0)
> ```

Tip 5 @autoclosure 和?? 操作符

Apple 为了推广和介绍 Swift，破天荒地为这门语言开设了一个博客[1]（当然我觉着是因为 Swift "坑" 太多需要一个地方来集中解释）。其中有一篇[2]提到了一个叫 `@autoclosure` 的关键词。

`@autoclosure` 可以说是 Apple 的一个非常神奇的创造，因为这更多地是像在 "hack" 这门语言。简单地说，`@autoclosure` 做的事情就是把一句表达式自动地**封装**成一个闭包（closure），这样有时候在语法上会非常漂亮。

比如我们有一个方法接受一个闭包，当闭包执行的结果为 `true` 的时候进行打印：

```
func logIfTrue(predicate: () -> Bool) {
    if predicate() {
        println("True")
    }
}
```

在调用的时候，我们需要写这样的代码：

```
logIfTrue({return 2 > 1})
```

当然，在 Swift 中对闭包的用法可以进行一些简化，在这种情况下我们可以省略掉 `return`，写成：

```
logIfTrue({2 > 1})
```

还可以更进一步，因为这个闭包是最后一个参数，所以可以用尾随闭包（trailing closure）的方式把大括号拿出来，然后省略括号，写成：

```
logIfTrue{2 > 1}
```

---

[1] *https://developer.apple.com/swift/blog/*
[2] *https://developer.apple.com/swift/blog/?id=4*

但是不管哪种方式，要么书写起来十分麻烦，要么表达上不太清晰，看起来都让人很不舒服。于是 @autoclosure 登场了。我们可以改换方法参数，在参数名前面加上 @autoclosure 关键字：

```
func logIfTrue(@autoclosure predicate: () -> Bool) {
    if predicate() {
        println("True")
    }
}
```

这时候我们就可以直接写下面的代码进行调用：

```
logIfTrue(2 > 1)
```

Swift 会把 `2 > 1` 这个表达式自动转换为 `() -> Bool`。这样我们就得到了一个写法简单，表意清楚的式子。

在 Swift 中，有一个非常有用的操作符，可以用来快速地对 `nil` 进行条件判断，那就是 ??。这个操作符可以判断输入内容，当左侧的值是非 `nil` 的 Optional 值时返回其 value，当左侧是 `nil` 时返回右侧的值，比如：

```
var level : Int?
var startLevel = 1

var currentLevel = level ?? startLevel
```

在这个例子中我们没有设置过 `level`，因此最后 `startLevel` 被赋值给了 `currentLevel`。如果我们充满好奇心地去看 ?? 的定义，就会看到 ?? 有两种版本：

```
func ??<T>(optional: T?, @autoclosure defaultValue: () -> T?) -> T?
func ??<T>(optional: T?, @autoclosure defaultValue: () -> T) -> T
```

在这里我们的输入满足的是后者，虽然表面上看 `startLevel` 只是一个 `Int`，但是在使用时它被自动封装成了一个 `() -> Int`，有了这个提示，我们不妨来猜测一下 ?? 的实现吧：

```
func ??<T>(optional: T?, @autoclosure defaultValue: () -> T) -> T {
    switch optional {
        case .Some(let value):
            return value
        case .None:
            return defaultValue()
        }
}
```

可能你会有疑问，为什么这里要使用 autoclosure，直接接受 T 作为参数并返回不行吗？这正是 autoclosure 的一个最值得称赞的地方。如果我们直接使用 T，那么就意味着在 ?? 操作符真正取值之前，我们就必须准备好一个默认值，这个默认值的准备和计算是会降低效率的。但如果 optional 不是 nil 的话，就完全不需要这个默认值，而会直接返回 optional 解包后的值。这样一来，默认值就白白准备了，这样的“开销”是完全可以避免的，方法就是将默认值的计算推迟到 optional 判定为 nil 之后。

就这样，我们可以巧妙地绕过条件判断和强制转换，以很优雅的写法处理对 optional 及默认值的取值了。最后要提一句的是，@autoclosure 并不支持带有输入参数的写法，也就是说只有形如 () -> T 的参数才能使用这个特性进行简化。另外因为调用者很容易忽视 @autoclosure 这个特性，所以在写接受 @autoclosure 的方法时还请特别小心，在容易产生歧义或者误解的时候，还是使用完整的闭包写法比较好。

在 Swift 1.2 中，@autoclosure 的位置发生了变化。现在 @autoclosure 需要像本文中这样，写在参数名的前面作为参数修饰，而不是在类型前面作为类型修饰。但是现在标准库中的方法签名还是写在了接受的类型前面，这应该是标准库中的疏漏。在我们自己实现一个 autoclosure 时，在类型前修饰的写法在 Swift 1.2 中已经无法编译了。

练习

在 Swift 中，其实 && 和 || 这两个操作符里也用到了 @autoclosure。作为练习，不妨打开 Playground，试试看怎么实现这两个操作符吧。

Tip 6 Optional Chaining

使用 Optional Chaining 可以让我们省去很多不必要的判断和取值步骤，但是在使用的时候需要小心“陷阱”。

因为 Optional Chaining 是随时都可能提前返回 nil 的，所以使用 Optional Chaining 所得到的东西其实都是 Optional 的。比如下面的一段代码：

```
class Toy {
    let name: String
    init(name: String) {
        self.name = name
    }
}

class Pet {
    var toy: Toy?
}

class Child {
    var pet: Pet?
}
```

在实际使用中，我们想知道小明的宠物的玩具的名字的时候，可以通过下面的 Optional Chaining 得到：

```
let toyName = xiaoming.pet?.toy?.name
```

注意虽然我们最后访问的是 name，并且在 Toy 的定义中 name 是被定义为一个确定的 String 而非 String? 的，但是我们得到的 toyName 其实还是一个 String? 的类型。这是由于在 Optional Chaining 中，我们在出现任意一个 ?. 的时候都可能遇到 nil 而提前返回，这个时候当然就只能得到 nil 了。

在实际使用中，我们在大多数情况下可能更希望使用 Optional Binding 来直接取值的代码：

```
if let toyName = xiaoming.pet?.toy?.name {
    // 太好了，小明有宠物，而且宠物还正好有个玩具
```

```
}
```

把它单独拿出来看会很清楚，但是只要稍微和其他特性结合一下，事情就会变得复杂起来。我们来看看下面的例子：

```
extension Toy {
    func play() {
        //...
    }
}
```

我们为 Toy 定义了一个扩展，以及一个玩玩具的 play() 方法。还是拿小明举例子，要是有玩具的话，小明就玩玩具：

```
xiaoming.pet?.toy?.play()
```

除了小明，也许还有小红、小李、小张等，这时候我们会把这一串调用抽象出来，做一个闭包以方便使用。传入一个 Child 对象，如果小朋友有宠物并且宠物有玩具的话，就去玩，于是你很可能写出这样的代码：

☹ **这是错误代码**

```
let playClosure = {(child: Child) -> () in child.pet?.toy?.play()}
```

你会发现表意这么清晰的代码居然无法被编译！

问题出在对 play() 的调用上。定义的时候我们没有写 play() 的返回，就表示这个方法返回 Void，也可以把它写成一对小括号 ()，它们是等价的。但是正如上面所说，经过 Optional Chaining 以后我们得到的是一个 Optional 的结果。也就是说，我们最后得到的应该是这样一个 closure：

```
let playClosure = {(child: Child) -> ()? in child.pet?.toy?.play()}
```

这样调用的返回将是一个 ()?，或者写成 Void?。虽然看起来挺奇怪的，但这就是事实。使用的时候我们可以通过 Optional Binding 来判定方法是否调用成功：

```
if let result: () = playClosure(xiaoming) {
    println("好开心~")
} else {
    println("没有玩具可以玩 :(")
}
```

Tip 7 操作符

与 Objective-C 不同，Swift 支持重载操作符，它的最常见的使用方式可能就是定义一些简便的计算了，比如我们需要一个表示二维向量的数据结构：

```
struct Vector2D {
    var x = 0.0
    var y = 0.0
}
```

一个很简单的需求是两个 Vector2D 相加：

```
let v1 = Vector2D(x: 2.0, y: 3.0)
let v2 = Vector2D(x: 1.0, y: 4.0)
let v3 = Vector2D(x: v1.x + v2.x, y: v1.y + v2.y)
// v3 为 {x 3.0, y 7.0}
```

如果只做一次的话似乎还好，但是一般情况下我们会进行多次这种操作。这样的话，我们可能更愿意定义一个 Vector2D 相加的操作，来简化代码使其更清晰。

对于两个向量相加，我们可以重载加号操作符：

```
func +(left: Vector2D, right: Vector2D) -> Vector2D {
    return Vector2D(x: left.x + right.x, y: left.y + right.y)
}
```

这样，上面的 v3 以及之后的所有表示两个向量相加的操作，就全部可以用加号来表达了：

```
let v4 = v1 + v2
// v4 为 {x 3.0, y 7.0}
```

类似地，我们还可以为 Vector2D 定义像 - （减号，表示两个向量相减）、- （负号，表示单个向量 x 和 y 同时取负）等这样的运算符。这个就作为练习交给大家。

上面定义的加号、减号和负号都是已经存在于 Swift 中的运算符了，我们所做的只是变换它的参数进行重载。如果我们想定义一个全新的运算符的话，要做的事情会多一件。比如**点积**运算[1]就是一个在矢量运算中很常用的运算符，它表示两个向量对应坐标的乘积的和。根据定义，以及参考重载运算符的方法，我们选取 +* 来表示这个运算，不难写出：

```
func +* (left: Vector2D, right: Vector2D) -> Double {
    return left.x * right.x + left.y * right.y
}
```

但是编译器会返给我们一个错误：

> Operator implementation without matching operator declaration

这是因为我们没有对这个操作符进行声明。之前可以直接重载像 +、-、* 这样的操作符，是因为它们在 Swift 中已经有定义了，如果我们要新加操作符的话，需要先对其进行声明，告诉编译器这个符号其实是一个操作符。我们来添加如下代码：

```
infix operator +* {
    associativity none
    precedence 160
}
```

infix 表示要定义的是一个中位操作符，即前后都是输入；其他用来修饰操作符的关键字还包括 prefix 和 postfix，不再赘述。

associativity 定义了结合律，即多个同类的操作符出现时的计算顺序。比如常见的加法和减法都是 left，就是说多个加法同时出现时按照从左往右的顺序计算（因为加法满足交换律，所以这个顺序无所谓，但是减法的话计算顺序就很重要了）。点乘的结果是一个 Double，不会再和其他点乘结合使用，所以这里写成 none。

precedence 表示运算的优先级，优先级越高，越优先进行运算。Swift 中乘法和除法的优先级是 150，加法和减法是 140，这里我们定义点积的优先级为 160，就是说它应该优先于普通的乘除法进行运算。

有了这些之后，我们就可以很简单地进行向量的点积运算了：

```
let result = v1 +* v2
// 输出为 14.0
```

[1] *http://en.wikipedia.org/wiki/Dot_product*

最后需要多提一点的是，Swift 的操作符是不能定义在局部域中的，因为一个操作符至少要能在全局范围使用，否则也就失去意义了。另外，来自不同 module 的操作符是有可能产生冲突的，这对于库开发者来说是需要特别注意的地方。如果库中的操作符冲突的话，使用者是无法像解决类型名冲突那样通过指定库名字来进行调用的。因此在重载或者自定义操作符时，应当尽量将其作为其他某个方法的"简便写法"，而避免在其中实现大量逻辑或者提供独一无二的功能。这样即使出现了冲突，使用者也可以用方法调用的方式使用你的库。运算符的命名也应当尽量明了，避免歧义和可能的误解。因为一个不被公认的操作符是存在冲突风险和理解难度的，所以我们不应该滥用这个特性。在使用重载或者自定义操作符时，请先再三权衡斟酌，你或者你的用户是否真的需要这个操作符。

Tip 8　func 的参数修饰

在声明一个 Swift 的方法的时候，我们一般不去指定参数前面的修饰符，而是直接声明参数：

```
func incrementor(variable: Int) -> Int {
    return variable + 1
}
```

这个方法接受一个 Int 的输入，然后通过将这个输入加 1，返回一个新的比输入大 1 的 Int，这其实就是一个简单的“+1 器”。

有些同学在大学的 C 程序设计里可能学过像 ++ 这样的“自增”运算符，再加上做了不少关于“判断一个数被各种前置 ++ 和后置 ++‘折磨’后的输出是什么”的考试题，所以之后写代码时也会不自觉地喜欢带上这种风格，于是同样的功能可能会写出类似这样的方法：

☹ **这是错误代码**

```
func incrementor(variable: Int) -> Int {
    return ++variable
}
```

结果发现编译错误。为什么在 Swift 里这样不行呢？答案是因为 Swift 其实是一门“讨厌”变化的语言。所有可能的地方，都被默认为是不可变的，也就是用 let 进行声明的。这样不仅可以确保安全，也能在编译器的性能优化上更有作为。在方法的参数上也是如此，我们不写修饰符的话，默认情况下所有参数都是 let 的，上面的代码等效为：

```
func incrementor(let variable: Int) -> Int {
    return ++variable
}
```

let 型参数不能重新赋值是理所当然的，要让这个方法正确编译，我们需要做的改动是将 let 改为 var：

```
func incrementor(var variable: Int) -> Int {
    return ++variable
}
```

现在我们的“+1 器”又可以正常工作了：

```
var luckyNumber = 7
let newNumber = incrementor(luckyNumber)
// newNumber = 8

println(luckyNumber)
// luckyNumber 还是 7
```

正如上面的例子，我们将参数写作 var 后，通过调用返回的值是正确的，而 luckyNumber 还是保持了原来的值。这说明 var 只是在方法内部起作用，而不会直接影响输入的值。有些时候我们会希望在方法内部**直接**修改输入的值，这时候我们可以使用 inout 来对参数进行修饰：

```
func incrementor(inout variable: Int) {
    ++variable
}
```

因为在函数内部就更改了值，所以也不需要返回了。调用也要改变为相应的形式，在前面加上 & 符号：

```
var luckyNumber = 7
incrementor(&luckyNumber)

println(luckyNumber)
// luckyNumber = 8
```

最后，要注意的是参数的修饰是具有传递限制的，就是说对于跨越层级的调用，我们需要保证同一参数的修饰是统一的。举个例子，比如我们想扩展一下上面的方法，实现一个可以累加任意数字的“+N 器”的话，可以写成这样：

```
func makeIncrementor(addNumber: Int) -> ((inout Int) -> ()) {
    func incrementor(inout variable: Int) -> () {
        variable += addNumber;
    }
    return incrementor;
}
```

外层的 `makeIncrementor` 的返回里也需要在参数的类型前面明确指出修饰词，使其符合内部的定义，否则将无法编译通过。

Tip 9 方法参数名称省略

Objective-C 在方法命名上可能不太讨初学者喜欢，但是往往有一定经验的 Objective-C 开发者都会爱上它的方法命名方式。因为详细的参数名，以及几乎完整而标准的英文词汇可以将方法准确地描述出来，很多时候进行 Objective-C 开发只需要依赖 IDE 的补全，甚至连文档都可以不看。比如 Objective-C 里的 NString 类里有个这样的方法：

```
- (BOOL)writeToFile:(NSString *)path
         atomically:(BOOL)useAuxiliaryFile
           encoding:(NSStringEncoding)enc
              error:(NSError **)error
```

这样不仅是定义的时候很清楚，在实际使用时，因为我们是需要把方法名写完整的，所以在阅读时也完全没有查阅文档的必要，我们可以很清楚地指出每个参数的意义：

```
[str writeToFile:aPath atomically:YES
        encoding:NSUTF8StringEncoding error:&err];
```

这个方法读作“将 str 写入到 aPath 这个文件中，使用原子写入的方式并将编码设定为 UTF，如果出现错误则存储到 err 中去”。

Swift 的方法命名继承和发扬了这个优点，上面这个方法在 Swift 中的定义是：

```
func writeToFile(_ path: String,
      atomically useAuxiliaryFile: Bool,
        encoding enc: UInt,
           error error: NSErrorPointer) -> Bool
```

同样的 API 在 Objective-C 和 Swift 中的声明除了必要的类型的切换以外，其余基本保持了一致。而我们注意到 Swift 版本中的第一个参数的前面加了下划线 _，这代表在调用这个方法时，我们不应该把这个参数名显式地写出来。于是，在 Swift 中对该方法的调用是：

```
str.writeToFile(aPath, atomically:true,
                encoding:NSUTF8StringEncoding, error: &err)
```

为了方便对比，我们把刚才的 Objective-C 的调用再写一遍：

```
[str writeToFile:aPath atomically:YES
                encoding:NSUTF8StringEncoding error:&err];
```

两者从形式和结构上都保持了高度一致，可以说，为了达到这样的视觉效果，Apple 特意将第一个参数的名称省略掉，同时保留了其他参数的名称并与 Cocoa 框架保持一致。

实际上，即使我们不在参数前加任何标记来显式地表明是否需要写名称，对于何时必须有名称标签，何时不能有称标签，也是有规则的。在类型的 `init` 方法中是需要加入标签的，比如下面例子中的 `color` 和 `weight` 都不能省略：

```
class Car {
    init(color: UIColor, weight: Int) {
        //...
    }
}

let car = Car(color: UIColor.redColor(), weight: 10)
```

而对于实例方法来说，我们对其调用时 Swift 将忽略第一个参数的标签，而强制要求之后的参数名称：

```
extension Car {
    func moveToX(x: Int, y: Int) {
        //...
    }
}

car.moveToX(10, y: 20)
```

对于类方法，也是如此：

```
extension Car {
    class func findACar(name: String, color: UIColor) -> Car? {
        var result: Car?
        //...
        return result
    }
}

let myPorsche = Car.findACar("Porsche", color: UIColor.yellowColor())
```

但是有一个例外，那就是如果这个方法是一个全局方法的话，参数名称默认是省略掉的：

```
// 注意，现在不在 Car 中，而是在一个全局作用域
func findACar(name: String, color: UIColor) -> Car? {
    var result: Car?
    //...
    return result
}

let myFerrari = findACar("Ferrari", UIColor.redColor())
```

把一个方法设定成全局方法或局部方法，为什么在默认的参数标签上要有这样的区别呢？这当然不是 Chris Lattner 在做这块工作的时候随手设定的。其实这是因为很多原来的底层 C 函数都是声明在全局范围内的，因此全部用匿名参数才符合原来的调用方式。

不同作用域下的方法/函数调用的参数名称各自有严格的规定，这些规定的不同所造成的后果是，我们在面试的时候用 Swift 写白板代码的话不太容易一次写对。

当然，以上种种我们都可以通过添加 #、_ 或者显式地加上标签名称，来在调用时强制要求添加或者不添加参数名称。但是我们在实践中最好遵循 Swift 的默认规则。在大多数时候，我们需要的是普通方法调用和初始化方法调用：对于普通方法，“匿名”第一个参数，并强制要求其他的参数名称；对于初始化方法，强制要求所有参数使用命名（特殊情况或在完全没有歧义的情况下可以省略名称）。这样做可以保证写出来的方法风格与整个平台统一，并且能在调用时保持原有的“代码即文档”的优良特性。

Tip 10 字面量转换

所谓字面量，就是指像特定的数字、字符串和布尔值这样，能够直截了当地指出自己的类型并为变量进行赋值的值。我们看下面的例子：

```
let aNumber = 3
let aString = "Hello"
let aBool = true
```

其中的 3、Hello 和 true 就称为字面量。

在 Swift 中，Array 和 Dictionary 在使用简单的描述赋值的时候，使用的也是字面量，比如：

```
let anArray = [1,2,3]
let aDictionary = ["key1": "value1", "key2": "value2"]
```

Swift 为我们提供了一组非常有意思的接口，用来将字面量转换为特定的类型。对于那些实现了字面量转换接口的类型，在提供字面量赋值的时候，就可以简单地按照接口方法中定义的规则“无缝对应”地通过赋值的方式将值转换为对应类型。这些接口包括了各个原生的字面量，在实际开发中我们经常用到的有：

- ArrayLiteralConvertible
- BooleanLiteralConvertible
- DictionaryLiteralConvertible
- FloatLiteralConvertible
- NilLiteralConvertible
- IntegerLiteralConvertible
- StringLiteralConvertible

所有的字面量转换接口都定义了一个 typealias 和对应的 init 方法。拿 BooleanLiteral-Convertible 举个例子：

```
protocol BooleanLiteralConvertible {
    typealias BooleanLiteralType

    /// Create an instance initialized to `value`.
    init(booleanLiteral value: BooleanLiteralType)
}
```

在这个接口中，BooleanLiteralType 在 Swift 标准库中已经有定义了：

```
/// The default type for an otherwise-unconstrained boolean literal
typealias BooleanLiteralType = Bool
```

于是在我们需要自己实现一个字面量转换的时候，可以简单地只实现定义的 init 方法。举个不太有实际意义的例子，假如我们想实现一个自己的 Bool 类型，可以这么做：

```
enum MyBool: Int {
    case myTrue, myFalse
}

extension MyBool: BooleanLiteralConvertible {
    init(booleanLiteral value: Bool) {
        self = value ? myTrue : myFalse
    }
}
```

这样我们就能很容易地直接使用 Bool 的 true 和 false 来对 MyBool 类型进行赋值了：

```
let myTrue: MyBool = true
let myFalse: MyBool = false

myTrue.rawValue    // 0
myFalse.rawValue   // 1
```

BooleanLiteralType 大概是最简单的形式，如果我们深入一点，就会发现像 StringLiteral-Convertible 这样的接口要复杂一些。这个接口不仅类似于上面布尔值的情况，定义了 StringLiteralType 并接受其初始化方法，而且接口本身还需要实现下面两个接口：

```
ExtendedGraphemeClusterLiteralConvertible
UnicodeScalarLiteralConvertible
```

这两个接口我们在日常项目中基本上不会使用，它们对应字符簇和字符[1]的字面量转换。虽然复杂一些，但是形式上还是一致的，只不过在实现 StringLiteralConvertible 时我们需要将这三个 init 方法都进行实现。

还是用例子来说明，比如我们有个 Person 类，里面有这个人的名字：

```
class Person {
    let name: String
    init(name value: String) {
        self.name = value
    }
}
```

如果要通过 String 赋值来生成 Person 对象的话，可以这样改写这个类：

```
class Person: StringLiteralConvertible {
    let name: String
    init(name value: String) {
        self.name = value
    }

    required init(stringLiteral value: String) {
        self.name = value
    }

    required init(extendedGraphemeClusterLiteral value: String) {
        self.name = value
    }

    required init(unicodeScalarLiteral value: String) {
        self.name = value
    }
}
```

在所有接口定义的 init 前面我们都加上了 required 关键字，这是由初始化方法的完备性需求（见“Designated、Convenience 和 Required”一节）所决定的，这个类的子类都需要保证能够做类似的字面量转换，以确保类型安全。

在上面的例子里有很多重复的对 self.name 赋值的代码，这不是我们乐于见到的。一个改善的方式是在这些初始化方法中调用原来的 init(name value: String)，在这种情况下，

[1] *https://developer.apple.com/library/mac/documentation/Cocoa/Conceptual/Strings/Articles/stringsClusters.html*

我们需要在这些初始化方法前加上 convenience（见“Designated、Convenience 和 Required”一节）：

```
class Person: StringLiteralConvertible {
    let name: String
    init(name value: String) {
        self.name = value
    }

    required convenience init(stringLiteral value: String) {
        self.init(name: value)
    }

    required convenience init(extendedGraphemeClusterLiteral value: String) {
        self.init(name: value)
    }

    required convenience init(unicodeScalarLiteral value: String) {
        self.init(name: value)
    }
}

let p: Person = "xiaoMing"
println(p.name)

// 输出：
// xiaoMing
```

在上面 Person 的例子中，我们没有像在 MyBool 中做的那样，使用 extension 的方式来扩展类，使其可以用字面量赋值，这是因为在 extension 中，我们是不能定义 required 的初始化方法的。也就是说，我们无法为现有的非 final（见“final”一节）的 class 添加字面量转换（不过也许在以后的 Swift 版本中能有所改善）。

总结一下：字面量转换是一个很强大的功能，使用得当的话对缩短代码和清晰表意都很有帮助。但它同时又是一个比较隐蔽的特性，因为你的代码并没有显式赋值或者初始化，所以可能会给人造成迷惑，比如上面例子中为什么一个字符串能被赋值为 Person。你的同事在阅读代码的时候可能不得不去寻找这些负责字面量转换的代码进行查看（如果代码库很大的话，这不是一件容易的事情，因为你没有办法对字面量赋值用“Cmd + 单击”进行跳转）。

和其他的 Swift 的新鲜特性一样，我们究竟该如何使用字面量转换，它的最佳实践到底是什么，仍然都在研究及讨论中。因此在使用这样的新特性时，必须力求表意清晰、没有误解，这样代码才能经受得住考验。

Tip 11 下标

下标相信大家都很熟悉了，在绝大多数语言中使用下标来读写类似数组和字典等数据结构的做法，似乎已经是业界标准。在 Swift 中，Array 和 Dictionary 当然也实现了下标读写：

```
var arr = [1,2,3]
arr[2]              // 3
arr[2] = 4          // arr = [1,2,4]

var dic = ["cat":"meow", "goat":"mie"]
dic["cat"]          // {Some "meow"}
dic["cat"] = "miao" // dic = ["cat":"miao", "goat":"mie"]
```

对数组没有什么好说的，但是对字典需要注意，我们通过下标访问得到的结果是一个 Optional 的值。这是很容易理解的，因为你不能限制下标访问时的输入值，对于数组来说，如果越界了就直接给你"脸色"，让你崩溃，但是对于字典，查询不到是很正常的一件事情。对此，在 Swift 中我们有更好的处理方式，那就是返回 nil 告诉你没有你要找的东西。

作为一门代表了先进生产力的语言，Swift 是允许我们自定义下标的。我们不仅能对自己写的类型自定义下标，也能对那些已经支持下标访问的类型（没错，就是 Array 和 Dictionay）进行扩展。我们重点来看看向已有类型添加下标访问的情况吧，比如说 Array，我们很容易就可以在 Swift 的定义文件（在 Xcode 中按住 Cmd 键，并单击任意一个 Swift 内的类型或者函数就可以访问到）里，找到 Array 已经支持的下标访问类型：

```
subscript (index: Int) -> T
subscript (subRange: Range<Int>) -> Slice<T>
```

它们共有两种，分别接受单个 Int 类型的序号和一个表明范围的 Range<Int>，作为对应，返回值也分别是单个元素和一组对应输入返回的元素。

于是我们发现一个挺让人郁闷的问题，那就是我们很难一次性取出某几个特定位置的元素，比如在一个数组内，当我们想取出 index 为 0、2、3 的元素的时候，在现有的体系下就会比较吃力。我们很可能要去枚举数组，然后在循环里判断它们是否我们想要的。其实这里有更好的做法，比如说可以实现一个接受数组作为下标输入的读取方法：

```
extension Array {
    subscript(input: [Int]) -> Slice<T> {
        get {
            var result = Slice<T>()
            for i in input {
                assert(i < self.count, "Index out of range")
                result.append(self[i])
            }
            return result
        }

        set {
            for (index,i) in enumerate(input) {
                assert(i < self.count, "Index out of range")
                self[i] = newValue[index]
            }
        }
    }
}
```

这样，我们的 Array 的灵活性就大大增强了：

```
var arr = [1,2,3,4,5]
arr[[0,2,3]]             //[1,3,4]
arr[[0,2,3]] = [-1,-3,-4]
arr                      //[-1,2,-3,-4,5]
```

练习

虽然我们在这里实现了下标为数组的版本，但是我并不推荐使用这样的形式。阅读过“可变参数函数”一节的读者也许会想为什么在这里我们不使用看起来更优雅的参数列表的方式，也就是 `subscript(input: Int...)` 的形式。不论从易用性还是可读性上来说，参数列表的形式会更好。但是存在一个问题，那就是在只有一个输入参数的时候参数列表会导致和现有的定义冲突，有兴趣的读者不妨试试看。当然，我们完全可以使用至少两个参数的的参数列表形式来避免这个冲突，即定义形如 `subscript(first: Int, second: Int, others: Int...)` 的下标的方法，我想这作为练习留给读者进行尝试会更好。

Tip 12 方法嵌套

方法终于成为了“一等公民”[1]，也就是说，我们可以将方法当作变量或者参数来使用了。更进一步地，我们甚至可以在一个方法中定义新的方法，这给代码结构层次和访问级别的控制带来了新的选择。

想想看，有多少次我们因为一个方法主体内容过长，而不得不将它重构为好几个小的功能块方法，然后在原来的主体方法中去调用这些小方法？这些具体负责一个个小功能块的方法也许“一辈子”就被调用一次，却不得不存在于整个类型的作用域中。虽然我们会将它们标记为私有方法，但是事实上它们所承担的任务往往和这个类型没有直接关系，而只会在这个类型中的某个方法中被用到。更有甚者，这些小方法也可能比较复杂，我们还想进一步将它们分成更小的模块，有时我们只能将它们放到和其他方法平级的地方。这样一来，本来应该是进深的结构，却被整个展平了，导致了之后在对代码的理解和维护上的问题。在 Swift 中，对于这种情况有了很好的应对措施，我们可以在方法中定义其他方法，也就是说让方法嵌套起来。

举个例子，我们在写一个网络请求的类 Request 时，可能面临着将请求的参数编码到 url 里的任务。因为输入的参数可能包括单个的值、字典和数组，因此为了结构漂亮和保持方法短小，我们可能将几种情况分开，写出这样的代码：

```
func appendQuery(var url: String,
                     key: String,
                   value: AnyObject) -> String {

    if let dictionary = value as? [String: AnyObject] {
        return appendQueryDictionary(url, key, dictionary)
    } else if let array = value as? [AnyObject] {
        return appendQueryArray(url, key, array)
    } else {
        return appendQuerySingle(url, key, value)
```

[1] *http://en.wikipedia.org/wiki/First-class_citizen*

```
    }
}

func appendQueryDictionary(var url: String,
                              key: String,
                            value: [String: AnyObject]) -> String {
    //...
    return result
}

func appendQueryArray(var url: String,
                         key: String,
                       value: [AnyObject]) -> String {
    //...
    return result
}

func appendQuerySingle(var url: String,
                          key: String,
                        value: AnyObject) -> String {
    //...
    return result
}
```

事实上后三个方法都只会在第一个方法中被调用，它们其实和 Request 没有直接的关系，所以将它们放到 appendQuery 中去会是一个更好的组织形式：

```
func appendQuery(var url: String,
                    key: String,
                  value: AnyObject) -> String {

    func appendQueryDictionary(var url: String,
                                  key: String,
                                value: [String: AnyObject]) -> String {
        //...
        return result
    }

    func appendQueryArray(var url: String,
```

```
                                  key: String,
                                value: [AnyObject]) -> String {
        //...
        return result
    }

    func appendQuerySingle(var url: String,
                                  key: String,
                                value: AnyObject) -> String {
        //...
        return result
    }

    if let dictionary = value as? [String: AnyObject] {
        return appendQueryDictionary(url, key, dictionary)
    } else if let array = value as? [AnyObject] {
        return appendQueryArray(url, key, array)
    } else {
        return appendQuerySingle(url, key, value)
    }
}
```

另一个重要的考虑是，虽然 Swift 提供了 `public`、`internal` 和 `private` 三种访问权限，但是有些方法我们完全不希望在其他地方被直接使用。最常见的例子就是在方法的模板中，我们一方面希望提供一个模板来让使用者可以灵活地通过模板定制他们想要的方法，但另一方面又不希望暴露太多实现细节，或者让使用者可以直接调用到模板。一个最简单的例子就是在"func 的参数修饰"一节中提到过的类似这样的代码：

```
func makeIncrementor(addNumber: Int) -> ((inout Int) -> ()) {
    func incrementor(inout variable: Int) -> () {
        variable += addNumber;
    }
    return incrementor;
}
```

Tip 13 命名空间

Objective-C 一直以来令人诟病的一个地方就是没有命名空间，在应用开发时，所有的代码和引用的静态库最终都会被编译到同一个域和二进制中。这样的后果是一旦我们有重复的类名的话，就会导致编译时的冲突和失败。为了避免这种事情的发生，Objective-C 的类型一般都会加上两到三个字母的前缀，比如 Apple 保留的 NS 和 UI 前缀，各个系统框架的前缀 SK（StoreKit），CG（CoreGraphic）等。Objective-C 社区的大部分开发者也遵守了这个约定，一般会将自己名字的缩写作为前缀，把类库命名为 AFNetworking 或者 MBProgressHUD 这样的。这种做法可以解决部分问题，至少我们直接引用不同人的库时冲突的概率大大降低了，但是加前缀并不意味着不会冲突，我们还是会遇到即使使用前缀也仍然产生冲突的情况。另外一种情况是，你想使用的两个不同的库，引用了同一个很流行的第三方库，而又没有为其更改名字，当你分别使用这两个库中的一个时是没有问题的，但是一旦你将这两个库同时加到你的项目中的话，这个大家共用的第三方库就会和自己发生冲突了。

在 Swift 中，由于可以使用命名空间，即使是名字相同的类型，只要是来自不同的命名空间，都是可以“和平共处”的。和 C# 这样的显式在文件中指定命名空间的做法不同，Swift 的命名空间是基于 module 而不是在代码中显式地指明，每个 module 代表了 Swift 中的一个命名空间。也就是说，同一个 target 里的类型名称还是不能相同的。在我们进行 app 开发时，默认添加到 app 的主 target 的内容都是处于同一个命名空间中的，我们可以通过创建 Cocoa (Touch) Framework 的 target 的方法来新建一个 module，这样我们就可以在两个不同的 target 中添加同样名字的类型了：

```
// MyFramework.swift
// 这个文件存在于 MyFramework.framework 中
public class MyClass {
    public class func hello() {
        println("hello from framework")
    }
}
```

```
// MyApp.swift
// 这个文件存在于 app 的主 target 中
class MyClass {
    class func hello() {
        println("hello from app")
    }
}
```

在使用时，在可能出现冲突的时候，我们需要在类型名称前面加上 module 的名字（也就是 target 的名字）：

```
MyClass.hello()
// hello from app

MyFramework.MyClass.hello()
// hello from framework
```

因为是在 app 的 target 中调用的，所以第一个 MyClass 会直接使用 app 中的版本，第二个调用我们指定了 MyFramework 中的版本。

另一种策略是使用类型嵌套的方法来指定访问的范围。常见的做法是将名字重复的类型定义到不同的 struct 中，以此避免冲突。这样在不使用多个 module 的情况下也能取得隔离同样名字的类型的效果：

```
struct MyClassContainer1 {
    class MyClass {
        class func hello() {
            println("hello from MyClassContainer1")
        }
    }
}

struct MyClassContainer2 {
    class MyClass {
        class func hello() {
            println("hello from MyClassContainer2")
        }
    }
}
```

使用时：

```
MyClassContainer1.MyClass.hello()
MyClassContainer2.MyClass.hello()
```

其实不管哪种方式都和传统意义上的命名空间有所不同，把它叫作命名空间，更多的是一种概念上的宣传。不过在实际使用中遵守这套规则的话，能避免很多不必要的麻烦，至少我们不需要再给类名加上各种奇怪的前缀了。

Tip 14 Any 和 AnyObject

Any 和 AnyObject 是 Swift 中两个妥协的产物，也是很让人迷惑的概念。在 Swift 官方编程指南中指出：

> AnyObject 可以代表任何 class 类型的实例。
>
> Any 可以表示任意类型，甚至包括方法（func）类型。

先来说说 AnyObject 吧。写过 Objective-C 的读者可能会知道在 Objective-C 中有一个叫作 id 的神奇的东西。编译器不会对声明为 id 的变量进行类型检查，它可以表示任意类的实例。在 Cocoa 框架中很多地方都使用了 id 来进行像参数传递和方法返回这样的工作，这是 Objective-C 动态特性的一种表现。现在的 Swift 最主要的用途依然是使用 Cocoa 框架进行 app 开发，因此为了与 Cocoa 架构协作，使用了一个类似的，可以代表任意 class 类型的 AnyObject 来替代原来 id 的概念。

但两者其实是有本质区别的。在 Swift 中编译器不仅不会对 AnyObject 实例的方法调用做出检查，甚至对于 AnyObject 的所有方法调用都会返回 Optional 的结果。这虽然是符合 Objective-C 中的理念的，但是在 Swift 环境下使用起来就非常麻烦，也很危险。应该选择的做法是在使用时先确定 AnyObject 真正的类型并进行转换以后再进行调用。

假设原来的某个 API 返回的是一个 id，那么在 Swift 中就被映射为 AnyObject?（因为 id 是可以指向 nil 的，所以在这里我们需要一个 Optional 的版本)，虽然我们知道调用应该是没问题的，但是我们依然最好这样写：

```
func someMethod() -> AnyObject? {
    // ...

    // 返回一个 AnyObject?，等价于在 Objective-C 中返回一个 id
    return result
}
```

```
let anyObject: AnyObject? = SomeClass.someMethod()
if let someInstance = anyObject as? SomeRealClass {
    // ...
    // 这里我们拿到了具体 SomeRealClass 的实例

    someInstance.funcOfSomeRealClass()
}
```

如果我们注意到 AnyObject 的定义，可以发现它其实就是一个接口：

```
protocol AnyObject {
}
```

特别之处在于，所有的 class 都隐式地实现了这个接口，这也是 AnyObject 只适用于 class 类型的原因。而在 Swift 中所有的基本类型，包括 Array 和 Dictionary 这些传统意义上是 class 的东西，全部都是 struct 类型，并不能由 AnyObject 来表示，于是 Apple 提出了一个更为特殊的 Any，除了 class 以外，它还可以表示包括 struct 和 enum 在内的所有类型。

为了深入理解，举个很有意思的例子。为了实验 Any 和 AnyObject 的特性，我们在 Playground 里写如下代码：

```
import UIKit

let swiftInt: Int = 1
let swiftString: String = "miao"

var array: [AnyObject] = []
array.append(swiftInt)
array.append(swiftString)
```

我们在这里声明了一个 Int 和一个 String，按理说它们都应该只能被 Any 代表，而不能被 AnyObject 代表。但是你会发现这段代码是可以编译运行通过的。那是不是说其实 Apple 的编程指南出错了呢？不是这样的，你可以打印一下 array，就会发现里面的元素其实已经变成 NSNumber 和 NSString 了，这里发生了一个自动的转换。因为我们 import 了 UIKit（其实这里我们需要的只是 Foundation，而在导入 UIKit 的时候也会同时将 Foundation 导入），在 Swift 和 Cocoa 中的这几个对应的类型是可以进行自动转换的。因为我们显式地声明了需要 AnyObject，编译器认为我们需要的的是 Cocoa 类型而非原生类型，而帮我们进行了自动的转换。

在上面的代码中如果我们把 import UIKit 去掉的话，就会得到无法适配 AnyObject 的编译错误了。我们需要做的是将声明 array 时的 [AnyObject] 换成 [Any]，这样就一切正确了。

```
let swiftInt: Int = 1
let swiftString: String = "miao"

var array: [Any] = []
array.append(swiftInt)
array.append(swiftString)
array
```

值得一提的是，只使用 Swift 类型而不转为 Cocoa 类型，对性能的提升是有所帮助的，所以我们应该尽可能地使用原生的类型。

其实说真的，使用 Any 和 AnyObject 并不是什么令人愉悦的事情，正如开头所说，这都是妥协的产物。如果在我们自己的代码里经常使用这两者的话，往往意味着代码可能在结构和设计上存在问题，应该及时重新审视。简单来说，我们最好避免使用甚至依赖这两者，而去尝试明确地指出确定的类型。

Tip 15 typealias 和泛型接口

typealias 是用来为已经存在的类型重新定义名字的，通过命名，可以使代码变得更加清晰。使用的语法也很简单，使用 typealias 关键字像使用普通的赋值语句一样，可以将某个已经存在的类型赋值为新的名字。比如在计算二维平面上的距离和位置的时候，我们一般使用 Double 来表示距离，用 CGPoint 来表示位置：

```
func distanceBetweenPoint(point: CGPoint, toPoint: CGPoint) -> Double {
    let dx = Double(toPoint.x - point.x)
    let dy = Double(toPoint.y - point.y)
    return sqrt(dx * dx + dy * dy)
}

let origin: CGPoint = CGPoint(x: 0, y: 0)
let point: CGPoint = CGPoint(x: 1, y: 1)

let distance: Double =  distanceBetweenPoint(origin, point)
```

虽然在数学上和最后的程序运行上都没什么问题，但是阅读和维护的时候总是觉得有哪里不对。因为我们没有将数学抽象和实际问题结合起来，使得在阅读代码时我们还需要在大脑中进行一次额外的转换：CGPoint 代表一个点，而这个点就是在定义的坐标系里的**位置**；Double 是一个数字，它代表两个点之间的**距离**。

如果我们使用 typealias，就可以将这种转换直接写在代码里，从而减轻阅读和维护的负担：

```
typealias Location = CGPoint
typealias Distance = Double

func distanceBetweenPoint(location: Location,
                        toLocation: Location) -> Distance {
    let dx = Distance(location.x - toLocation.x)
    let dy = Distance(location.y - toLocation.y)
```

```
    return sqrt(dx * dx + dy * dy)
}

let origin: Location = Location(x: 0, y: 0)
let point: Location = Location(x: 1, y: 1)

let distance: Distance =  distanceBetweenPoint(origin, point)
```

同样的代码，在 typealias 的帮助下，读起来就轻松多了。可能只凭这个简单例子不会给人特别多的体会，但是当你遇到复杂的实际问题时，你就可以不再关心并去思考自己代码里那些成堆的 Int 或者 String 之类的基本类型到底代表的是什么东西了，这样你应该能省下不少脑细胞。

对于普通类型并没有什么难点，但是在涉及泛型时，情况就不太一样。首先，typealias 是单一的，也就是说你必须指定将某个特定的类型通过 typealias 赋值为新名字，而不能将整个泛型类型进行重命名。下面这样的命名都是无法通过编译的：

☹ **这是错误代码**

```
class Person<T> {}
typealias Worker = Person
typealias Worker = Person<T>
typealias Worker<T> = Person<T>
```

一旦泛型类型的确定性得到保证后，我们就可以重命名了：

```
class Person<T> {}

typealias WorkId = String
typealias Worker = Person<WorkId>
```

另一个值得一提的是 Swift 中是没有泛型接口的，但是使用 typealias，我们可以在接口里定义一个必须实现的别名，这在一定范围内也算一种折中方案。比如在 GeneratorType 和 SequenceType 这两个接口中，Swift 都用到了这个技巧，来为接口确定一个使用的类似泛型的特性：

```
protocol GeneratorType {
    typealias Element
    mutating func next() -> Element?
}
```

```
protocol SequenceType : _Sequence_Type {
    typealias Generator : GeneratorType
    func generate() -> Generator
}
```

在实现这些接口时，我们不仅需要实现指定的方法，还要实现对应的 typealias，这其实是一种对于接口适用范围的抽象和约束。

Tip 16 可变参数函数

可变参数函数指的是可以接受任意多个参数的函数，我们最熟悉的可能就是 NSString 的 -stringWithFormat: 方法了。在 Objective-C 中，我们使用这个方法生成字符串的写法是这样的：

```
NSString *name = @"Tom";
NSDate *date = [NSDate date];
NSString *string = [NSString stringWithFormat:
                @"Hello %@. Date: %@", name, date];
```

这个方法中的参数是可以任意变化的，参数的第一项是需要格式化的字符串，后面的参数都是向第一个参数中填空。在这里我们不再详细描述 Objective-C 中可变参数函数的写法（毕竟这是一本 Swift 的书），但是我相信绝大多数即使有着几年 Objective-C 经验的读者，也很难在不查阅资料的前提下正确写出一个接收可变参数的函数。

但是这一切在 Swift 中得到了前所未有的简化。现在，写一个可变参数的函数只需要在声明参数时在类型后面加上 ... 就可以了，比如下面就声明了一个接收可变参数的 Int 累加函数：

```
func sum(input: Int...) -> Int {
    //...
}
```

输入的 input 在函数体内部将被作为数组 [Int] 来使用，让我们来完成上面的方法吧。当然你可以用传统的 for...in 做累加，但是这里我们选择了一种看起来更 "Swift" 的方式：

```
func sum(input: Int...) -> Int {
    return input.reduce(0, combine: +)
}

println(sum(1,2,3,4,5))
// 输出：15
```

在使用可变参数时需要注意的是，可变参数只能作为方法中的最后一个参数来使用，而不能先声明一个可变参数，然后再声明其他参数。这是很容易理解的，因为编译器将不知道输入的参数应该从哪里截断。另外，在一个方法中，最多只能有一组可变参数。

一个比较恼人的限制是可变参数都必须是同一种类型的，当我们想要同时传入多个类型的参数时就需要做一些变通。比如最开始提到的 -stringWithFormat: 方法。可变参数列表的第一个元素是等待格式化的字符串，在 Swift 中这会对应一个 String 类型，而剩下的参数应该可以是对应格式化标准的任意类型。一种解决方法是使用 Any 作为参数类型，然后对接收到的数组的首个元素进行特殊处理。不过因为 Swift 中可以使用下画线 _ 作为参数的外部标签，使得调用时不需要再加上参数名字。我们可以利用这个特性，在声明方法时就指定第一个参数为一个字符串，然后跟一个匿名的参数列表，这样在写起来的时候就“好像”是所有参数都是在同一个参数列表中进行的处理，会好看很多。比如 Swift 的 NSString 格式化的声明就是这样处理的：

```
extension NSString {
    convenience init(format: NSString, _ args: CVarArgType...)
    //...
}
```

调用的时候就和在 Objective-C 中几乎一样了，非常方便：

```
let name = "Tom"
let date = NSDate()
let string = NSString(format: "Hello %@. Date: %@", name, date)
```

Tip 17 初始化方法顺序

与 Objective-C 不同，Swift 的初始化方法需要保证类型的所有属性都被初始化，所以初始化方法的调用顺序就很有讲究。在某个类的子类中，初始化方法里语句的顺序并不是随意的，我们需要保证在当前子类实例的成员初始化完成后才能调用父类的初始化方法：

```
class Cat {
    var name: String
    init() {
        name = "cat"
    }
}

class Tiger: Cat {
    let power: Int
    override init() {
        power = 10
        super.init()
        name = "tiger"
    }
}
```

一般来说，子类的初始化顺序是：

1. 设置子类自己需要初始化的参数，`power = 10`。
2. 调用父类的相应的初始化方法，`super.init()`。
3. 对父类中的需要改变的成员进行设定，`name = "tiger"`。

其中第 3 步是根据具体情况决定的，如果我们在子类中不需要对父类的成员做出改变的话，就不存在第 3 步。而在这种情况下，Swift 会自动地对父类的对应 `init` 方法进行调用，也就是说，第 2 步的 `super.init()` 也是可以不用写的（但是实际上还是调用的，只不过为了简

便 Swift 帮我们完成了)。这种情况下的初始化方法看起来就很简单:

```
class Cat {
    var name: String
    init() {
        name = "cat"
    }
}

class Tiger: Cat {
    let power: Int
    override init() {
        power = 10
        // 虽然我们没有显式地对 super.init() 进行调用
        // 不过由于这是初始化的最后了, Swift 替我们完成了
    }
}
```

Tip 18 Designated、Convenience 和 Required

我们在深入了解初始化方法之前，不妨先再想想 Swift 中的初始化想要达到一种怎样的目的。

目的其实就是安全。在 Objective-C 中，`init` 方法是非常不安全的：没有人能保证 `init` 只被调用一次，也没有人保证在初始化方法调用以后实例的各个变量都完成初始化，甚至如果在初始化里使用属性进行设置的话，还可能会造成各种问题[1]，虽然 Apple 也明确说明了[2]不应该在 init 中使用属性来访问，但是这并不是编译器强制的，因此还是会有很多开发者犯这样的错误。

所以，Swift 有了超级严格的初始化方法。一方面，Swift 强化了 designated 初始化方法的地位。Swift 中不加修饰的 init 方法都需要在方法中保证所有非 Optional 的实例变量被赋值初始化，而在子类中也强制（显式或者隐式地）调用 `super` 版本的 designated 初始化，所以无论走何种路径，被初始化的对象总是可以完成完整的初始化的。

```
class ClassA {
    let numA: Int
    init(num: Int) {
        numA = num
    }
}

class ClassB: ClassA {
    let numB: Int

    override init(num: Int) {
        numB = num + 1
        super.init(num: num)
    }
}
```

[1] *http://stackoverflow.com/questions/8056188/should-i-refer-to-self-property-in-the-init-method-with-arc*
[2] *https://developer.apple.com/library/mac/documentation/Cocoa/Conceptual/MemoryMgmt/Articles/mmPractical.html*

在上面的示例代码中，注意在 init 里我们可以对 let 的实例常量进行赋值，这是初始化方法的重要特点。在 Swift 中 let 声明的值是不变量，无法被写入赋值，这对于构建线程安全的 API 十分有用。而因为 Swift 的 init 只可能被调用一次，因此在 init 中我们可以为不变量进行赋值，而不会引起任何线程安全的问题。

与 designated 初始化方法对应的是在 init 前加上 convenience 关键字的初始化方法。这类方法是 Swift 初始化方法中的“二等公民”，只作为补充和提供使用上的方便。所有的 convenience 初始化方法都必须调用**同一个类**中的 designated 初始化完成设置，另外 convenience 的初始化方法是不能被子类重写的，也不能从子类中以 super 的方式被调用。

```
class ClassA {
    let numA: Int
    init(num: Int) {
        numA = num
    }

    convenience init(bigNum: Bool) {
        self.init(num: bigNum ? 10000 : 1)
    }
}

class ClassB: ClassA {
    let numB: Int

    override init(num: Int) {
        numB = num + 1
        super.init(num: num)
    }
}
```

只要在子类中实现重写了父类 convenience 方法所需要的 init 方法，我们在子类中就也可以使用父类的 convenience 初始化方法了。比如在上面的代码中，我们在 ClassB 里实现了 init(num: Int) 的重写。这样，即使在 ClassB 中没有 bigNum 版本的 convenience init(bigNum: Bool)，我们仍然可以用这个方法来完成子类初始化：

```
let anObj = ClassB(bigNum: true)
// anObj.numA = 10000, anObj.numB = 10001
```

进行一下总结，可以看到初始化方法永远遵循以下两个原则：

1. 初始化路径必须保证对象完全初始化，这可以通过调用本类型的 designated 初始化方法来得到保证。
2. 子类的 designated 初始化方法必须调用父类的 designated 方法，以保证父类也完成初始化。

对于某些我们希望子类中一定实现的 designated 初始化方法，我们可以通过添加 required 关键字进行限制，强制子类对这个方法重写实现。这样做的最大的好处是可以保证依赖于某个 designated 初始化方法的 convenience 一直可以被使用。一个现成的例子就是上面的 init(bigNum: Bool)，如果我们希望这个初始化方法对于子类一定可用，那么应当将 init(num: Int) 声明为“必须”，这样我们在子类中调用 init(bigNum: Bool) 时就始终能够找到一条完全初始化的路径了：

```
class ClassA {
    let numA: Int
    required init(num: Int) {
        numA = num
    }

    convenience init(bigNum: Bool) {
        self.init(num: bigNum ? 10000 : 1)
    }
}

class ClassB: ClassA {
    let numB: Int

    required init(num: Int) {
        numB = num + 1
        super.init(num: num)
    }
}
```

另外需要说明的是，其实不仅仅是对 designated 初始化方法，对于 convenience 初始化方法，我们也可以加上 required 以确保子类对其的实现。这在要求子类不直接使用父类中的 convenience 初始化方法时会非常有用。

Tip 19 初始化返回 nil

在 Objective-C 中，init 方法除了返回 self 以外，其实和一个普通的实例方法并没有太大区别。如果你喜欢的话，甚至可以多次进行调用，这都没有限制。一般来说，我们还会在初始化失败（比如输入不满足要求无法正确初始化）的时候返回 nil 来通知调用者这次初始化没有正确完成。

但是，在 Swift 中默认情况下初始化方法是不能写 return 语句来返回值的，也就是说我们没有机会初始化一个 Optional 的值。一个很典型的例子就是初始化一个 url。在 Objective-C 中，如果我们使用一个错误的字符串来初始化一个 NSURL 对象，返回会是 nil，代表初始化失败。所以下面这种"防止百度吞链接"式的字符串（注意两个 t 之间的空格和中文式句号），也是可以正常编译和运行的，只是结果是个 nil：

```
NSURL *url = [[NSURL alloc] initWithString:@"ht tp://swifter。tips"];
NSLog(@"%@",url);
// 输出 (null)
```

但是在 Swift 中情况就不那么乐观了，-initWithString: 在 Swift 中对应的是一个 convenience init 方法：init(string URLString: String!)。上面的 Objective-C 代码在 Swift 中等效为：

```
let url = NSURL(string: "ht tp://swifter。tips")
println(url)
```

init 方法在 Swift 1.1 中发生了很大的变化，为了将来龙去脉讲述清楚，我们先来看看它在 Swift 1.0 中的表现。

Swift 1.0 及之前

如果在 Swift 1.0 的环境下尝试运行上面代码的话，我们会得到一个 EXC_BAD_INSTRUCTION，这说明触发了 Swift 内部的断言（assertion），这个初始化方法不接收这样的输入。一个常见的解决方法是使用工厂模式，也就是写一个类方法来生成和返回实例，或者在失败的时候返回 nil。Swift 的 NSURL 就做了这样的处理：

```
class func URLWithString(URLString: String!) -> Self!
```

在使用的时候：

```
let url = NSURL.URLWithString("ht tp://swifter。tips")
println(url)
// 输出 nil
```

不过虽然可以用这种方式来和原来一样返回 nil，但是这也算是一种折中。在可能的情况下，我们还是应该尽量降低出现 Optional 的可能性，这样更有助于代码的简化。

> 如果你确实想使用初始化方法而不愿意用工厂函数的话，也可以考虑用一个 Optional 量来存储结果，这样你就可以处理初始化失败了，不过相应的代价是代码复杂度的增加：
>
> ```
> let url: NSURL? = NSURL(string: "ht tp://swifter。tips")
> // nil
> ```

Swift 1.1 及之后

虽然在默认情况下不能在 init 中返回 nil，但是通过上面的例子我们可以看到 Apple 自家的 API 还是有这个能力的。

好消息是在 Swift 1.1 中 Apple 已经为我们加上了初始化方法中返回 nil 的能力。我们可以在 init 声明时在其后加上一个 ? 或者 ! 来表示初始化失败时可能返回 nil。比如为 Int 添加一个 extension 来让其可以接收字符串，并通过字符串初始化对应的数字时，就可能遇到初始化失败的情况：

```
extension Int {
    init?(fromString: String) {
        if let i = fromString.toInt() {
            self = i
        } else {
            // 提前返回
            return nil
        }
```

```
    }
}

let number = Int(fromString: "12")
// {Some 12}

let notNumber = Int(fromString: "十二")
// nil
```

number 和 notNumber 都将是 Int? 类型，通过 Optional Binding，我们就能知道初始化是否成功，并安全地使用它们了。我们在这类初始化方法中还可以对 self 进行赋值，也算是 init 方法里的特权之一。

同时像上面例子中的 NSURL.URLWithString 这样的工厂方法，在 Swift 1.1 中已经不再需要。为了简化 API 和提高安全性，Apple 已经将这类方法标记为了不可用，并会导致无法编译。而对应地，可能返回 nil 的 init 方法都加上了 ? 标记：

```
convenience init?(string URLString: String)
```

在新版本的 Swift 中，对于可能初始化失败的情况，我们应该始终使用可返回 nil 的初始化方法，而不是类型工厂方法。

Tip 20 protocol 组合

在 Swift 中我们可以使用 `Any` 来表示任意类型（如果你对此感到模糊或者陌生的话，可以先看看 Apple 的 Swift 官方教程或者本书的 "Any 和 AnyObject" 一节）。充满好奇心的读者可能已经发现，`Any` 这个类型的定义十分奇怪，它是一个 `protocol<>` 的同名类型。

像 `protocol<>` 这种形式的写法在 Swift 的日常使用中并不多见，这其实是 Swift 的接口组合的用法。标准的语法形式是下面这样的：

```
protocol<ProtocolA, ProtocolB, ProtocolC>
```

尖括号内是具体接口的名称，这里表示将名称为 `ProtocolA`、`ProtocolB` 及 `ProtocolC` 的接口组合在一起的一个新的匿名接口。实现这个匿名接口就意味着要同时实现这三个接口所定义的内容。所以说，这里的 protocol 组合的写法和下面新声明的 `ProtocolD` 是相同的：

```
protocol ProtocolD: ProtocolA, ProtocolB, ProtocolC {

}
```

那么在 `Any` 定义的时候，里面什么都不写的 `protocol<>` 是什么意思呢？从语意上来说，这代表一个 "需要实现空接口的接口"，其实就是任意类型的意思了。

除了可以方便地表达空接口这一概念以外，protocol 的组合与新创建一个接口相比最大区别就在于其匿名性。有时候我们可以借助这个特性写出更清晰的代码。因为 Swift 的类型组织是比较松散的，你的类型可以由不同的 `extension` 来定义实现不同的接口，Swift 也并没有要求它们在同一个文件中。这样，如果一个类型实现了很多接口，在使用这个类型的时候，我们很可能在不查询相关代码的情况下难以知道这个类型所实现的接口。

举个理想化的例子，比如我们有下面的三个接口，分别代表了三种动物叫的方式，而有一种 "谜之动物"，同时实现了这三个接口：

```
protocol KittenLike {
    func meow() -> String
}

protocol DogLike {
    func bark() -> String
}

protocol TigerLike {
    func aou() -> String
}

class MysteryAnimal: CatLike, DogLike, TigerLike {
    func meow() {
        return "meow"
    }

    func bark() {
        return "bark"
    }

    func aou() {
        return "aou"
    }
}
```

现在我们想要检查某种动物作为宠物的时候的叫声的话，我们可能要重新定义一个叫作 PetLike 的接口，表明其实现 KittenLike 和 DogLike；如果稍后我们又想检查某种动物作为猫科动物的叫声的话，我们也许又要去定义一个叫作 CatLike 的实现 KittenLike 和 TigerLike 的接口。最后我们大概会写出这样的东西：

```
protocol PetLike: KittenLike, DogLike {

}

protocol CatLike: KittenLike, TigerLike {

}
```

```
struct SoundChecker {
    static func checkPetTalking(pet: PetLike) {
        //...
    }

    static func checkCatTalking(cat: CatLike) {
        //...
    }
}
```

虽然没有定义任何新的内容，但是为了实现这个需求，我们还是添加了两个空 protocol，这可能会让人困惑，代码的使用者（也包括一段时间后的你自己）可能会去猜测 PetLike 和 CatLike 的作用——其实它们除了标注以外并没有其他作用。借助 protocol 组合的特性，我们可以很好地解决这个问题。protocol 组合是可以使用 typealias（见 “typealias 和泛型接口” 一节）来命名的，于是可以将上面的新定义 protocol 的部分换为：

```
typealias PetLike = protocol<KittenLike, DogLike>
typealias CatLike = protocol<KittenLike, TigerLike>
```

这样既保持了可读性，也没有多定义不必要的新类型。

另外，如果这两个临时接口我们只用一次的话，只要结合上下文理解起来不会有困难，我们完全可以直接将它们匿名化，变成下面这样：

```
struct SoundChecker {
    static func checkPetTalking(pet: protocol<KittenLike, DogLike>) {
        //...
    }

    static func checkCatTalking(cat: protocol<KittenLike, TigerLike>) {
        //...
    }
}
```

这样的好处是定义和使用的地方更加接近，这样在代码复杂的时候，读代码时可以少一些跳转，多一些专注。但是因为使用了匿名的接口组合，所以能表达的信息毕竟少了一些。如果要实际使用这种方法的话，还是需要多多斟酌。

虽然这一节已经够长了，不过我还是想多提一句关于实现多个接口时接口内方法冲突的解决方法。因为在 Swift 的世界中并没有规定不同接口的方法不能重名，所以重名现象是有可能出现的情况。比如有 A 和 B 两个接口，定义如下：

```
protocol A {
    func bar() -> Int
}

protocol B {
    func bar() -> String
}
```

这两个接口中 bar() 只有返回值的类型不同。我们如果有一个类型 Class 同时实现了 A 和 B，我们要怎么才能避免和解决调用冲突呢？

```
class Class: A, B {
    func bar() -> Int {
        return 1
    }

    func bar() -> String {
        return "Hi"
    }
}
```

这样一来，对于 bar()，只要在调用前进行类型转换就可以了：

```
let instance = Class()
let num = (instance as A).bar()  // 1
let str = (instance as B).bar()  // "Hi"
```

Tip 21 static 和 class

Swift 中表示“类型范围作用域”这一概念的有两个不同的关键字，它们分别是 static 和 class。这两个关键字确实都表达了这个意思，但是在其他一些语言，包括 Objective-C 中，我们并不会特别地区分类变量/类方法和静态变量/静态函数。但是在 Swift 中，这两个关键字却是不能用混的。

在非 class 类型上下文中，我们统一使用 static 来描述类型作用域，包括在 enum 和 struct 中表述类型方法和类型属性时。在这两个值类型中，我们可以在类型范围内声明并使用存储属性、计算属性和方法。static 适用的场景有下面这些：

```
struct Point {
    let x: Double
    let y: Double

    // 存储属性
    static let zero = Point(x: 0, y: 0)

    // 计算属性
    static var ones: [Point] {
        return [Point(x: 1, y: 1),
                Point(x: -1, y: 1),
                Point(x: 1, y: -1),
                Point(x: -1, y: -1)]
    }

    // 类型方法
    static func add(p1: Point, p2: Point) -> Point {
        return Point(x: p1.x + p2.x, y: p1.y + p2.y)
    }
}
```

enum 的情况与这个十分类似，就不再列举了。

class 关键字相对就明白许多，是专门用在 class 类型的上下文中的，可以用来修饰类方法及类的计算属性。要特别注意 class 中现在是不能出现存储属性的，我们如果写类似这样的代码的话：

```
class MyClass {
    class var bar: Bar?
}
```

编译时会得到一个错误：

> class variables not yet supported

在 Swift 1.2 及之后，我们可以在 class 中使用 static 来声明一个类作用域的变量，也即：

```
class MyClass {
    static var bar: Bar?
}
```

这样写法是合法的。有了这个特性之后，像单例的写法就可以回归到我们所习惯的方式了。

有一个比较特殊的是 protocol。在 Swift 中 class、struct 和 enum 都是可以实现某个 protocol 的。那么如果我们想在 protocol 里定义一个类型域上的方法或者计算属性的话，应该用哪个关键字呢？答案是使用 static 进行定义，但是在用具体的类型来实现时还是要按照上面的规则：在 struct 或 enum 中仍然使用 static，而在 class 里使用 class 关键字——虽然在 protocol 中定义时使用的是 static：

```
protocol MyProtocol {
    static func foo() -> String
}

struct MyStruct: MyProtocol {
    static func foo() -> String {
        return "MyStruct"
    }
}

enum MyEnum: MyProtocol {
    static func foo() -> String {
        return "MyEnum"
```

```
    }
}

class MyClass: MyProtocol {
    class func foo() -> String {
        return "MyClass"
    }
}
```

在 Swift 1.2 之前的 protocol 中使用的是 class 关键字，但这确实是不合逻辑的。Swift 1.2 对此进行了改进，现在只需要记住除了确实是在具体的 class 中实现以外，其他情况下都使用 static 就行了。

Tip 22 多类型和容器

Swift 中有两个原生的容器类型，Array 和 Dictionay：

```
struct Array<T> :
    MutableCollectionType, Sliceable {

    //...

}

struct Dictionary<Key : Hashable, Value> :
    CollectionType, DictionaryLiteralConvertible {

    //...

}
```

它们都是泛型的，也就是说我们在一个集合中只能放同一个类型的元素，比如：

```
let numbers = [1,2,3,4,5]
// numbers 的类型是 [Int]

let strings = ["hello", "world"]
// strings 的类型是 [String]
```

如果我们要把不相关的类型放到同一个容器类型中的话，比较容易想到的是使用 Any 和 AnyObject（见 "Any 和 AnyObject" 一节），或者使用 NSArray：

```
import UIKit

let mixed: [Any] = [1, "two", 3]
```

```
// 如果不指明类型，由于 UIKit 的存在
// 将被推断为 [NSObject]
let objectArray = [1, "two", 3]
```

这样的转换会造成部分信息的损失，我们从容器中取值时只能得到信息完全丢失后的结果，在使用时还需要进行一次类型转换。这其实是在无其他可选方案后的最差选择，因为使用这样的转换的话，编译器就不能再给我们提供警告信息了。我们可以随意地将任意对象添加进容器，也可以将容器中取出的值转换为任意类型，这是一件十分危险的事情：

```
let any = mixed[0]  // Any 类型
let nsObject = objectArray[0] // NSObject 类型
```

其实我们注意到，Any 其实是 protocol，而不是具体的某个类型。因此在容器类型泛型的帮助下，我们不仅可以在容器中添加同一具体类型的对象，也可以添加实现同一接口的类型的对象。绝大多数情况下，我们想要放入一个容器中的元素或多或少会有某些共同点，这就使得用接口来规定容器类型会很有用。比如在上面的例子中，如果我们需要的是打印出容器内的元素的 description，可能我们更倾向于将数组声明为 [Printable] 的：

```
import Foundation
let mixed: [Printable] = [1, "two", 3]

for obj in mixed {
    println(obj.description)
}
```

这种方法虽然也损失了一部分类型信息，但是相对于 Any 或者 AnyObject 还是改善很多，在对象存在某种共同特性的情况下无疑是最方便的。另一种做法是使用 enum 可以带有值的特点，将类型信息封装到特定的 enum 中。下面的代码封装了 Int 或者 String 类型：

```
import Foundation
enum IntOrString {
    case IntValue(Int)
    case StringValue(String)
}

let mixed = [IntOrString.IntValue(1),
             IntOrString.StringValue("two"),
             IntOrString.IntValue(3)]

for value in mixed {
```

```
    switch value {
    case let .IntValue(i):
        println(i * 2)
    case let .StringValue(s):
        println(s.capitalizedString)
    }
}

// 输出：
// 2
// Two
// 6
```

通过这种方法，我们完整地在编译时保留了不同类型的信息。为了方便，我们甚至可以进一步为 `IntOrString` 使用字面量转换（见“字面量转换”一节）的方法编写简单的获取方式，但那是另外一个故事了。

Tip 23 default 参数

Swift 的方法是支持默认参数的，也就是说在声明方法时，可以给某个参数指定一个默认使用的值。在调用该方法时要是传入了这个参数，则使用传入的值，如果缺少这个输入参数，那么就直接使用设定的默认值进行调用。可以说这是 Objective-C 社区的开发者们盼了好多年的一个特性了，Objective-C 由于语法的特点几乎无法在不大幅改动的情况下很好地实现默认参数功能。

和其他很多语言的默认参数相比较，Swift 中的默认参数限制更少，并没有所谓"默认参数之后不能再出现无默认值的参数"这样的规则，举个例子，下面两种方法的声明在 Swift 里都是合法可用的：

```
func sayHello1(str1: String = "Hello", str2: String, str3: String) {
    println(str1 + str2 + str3)
}

func sayHello2(str1: String, str2: String, str3: String = "World") {
    println(str1 + str2 + str3)
}
```

其他不少语言只能使用后面一种写法，将默认参数作为方法的最后一个参数。

在调用的时候，我们如果想要使用默认值的话，只要不传入相应的值就可以了。正如之前"方法参数名称省略"一节中所提到的，在不同的作用域下方法参数的标签要求是不一样的，在这里为了方便说明，我们假定上面的两个方法是定义在某个类里的，在本节中我们也会从同一个类去调用这两个方法。下面这样的调用将得到同样的结果：

```
sayHello1(str2: " ", str3: "World")
sayHello2("Hello", str2: " ")

//输出都是 Hello World
```

这两个调用都省略了带有默认值的参数，sayHello1 中 str1 是默认的“Hello”，而 sayHello2 中的 str3 是默认的“World”。

值得一提的是，默认参数都是需要外部标签的，如果没有指定外部标签，那么 Swift 会默认自动加上同名的标签，也就相当于在参数声明前加上 #。实际上我们声明的 sayHello1 和 sayHello2 的符号是这样的：

```
func sayHello1(# str1: String = "Hello", str2: String, str3: String) {
    println(str1 + str2 + str3)
}

func sayHello2(str1: String, str2: String, # str3: String = "World") {
    println(str1 + str2 + str3)
}
```

这点可以从我们传递所有参数来调用 sayHello1 的时候得到验证。如果我们不使用默认值，而是传入一个字符串给 str1，我们必须明确写出 str1 这个外部标签名，而不能像普通方法调用那样省掉第一个参数标签名，这是为了不产生参数命名上的歧义：

```
sayHello1(str1: "Hi", str2: " ", str3: "World")
sayHello2("Hi", str2: " ", str3: "World")
```

另外，喜欢按着 Cmd 键用鼠标点来点去到处看的读者可能会注意到 NSLocalizedString 这个常用方法的签名现在是：

```
func NSLocalizedString(key: String,
                 tableName: String? = default,
                    bundle: NSBundle = default,
                     value: String = default,
                  #comment: String) -> String
```

默认参数写的是 default，但是不得不遗憾地说，这只是生成的 Swift 的调用接口。我们在自己写方法的时候，并不能使用类似这样的 default 来作为参数的默认值。我们必须指定一个编译时就能确定的常量来作为默认参数的取值。与 NSLocalizedString 很相似的还有 Swift 中的各类断言：

```
func assert(@autoclosure condition: () -> Bool,
          _ message: StaticString = default,
            file: StaticString = default,
            line: UWord = default)
```

最后不得不说的是，Swift 中的 NSLocalizedString 自动补全功能太难用。一般我们不需要中间那三个默认参数，绝大多数情况下我们只会使用 key 和 comment：

```
NSLocalizedString("OK_ALERT_TITLE", comment: "Title for the OK alert popup")
```

每次手动去删掉它们是一件很让人抓狂的事情。所以，准备好你自己的 snippet 工具来快速打造出只带有这两个参数的版本吧。

Tip 24　正则表达式

作为一门先进的编程语言，Swift 可以说吸收了众多其他先进语言的优点，但是有一点却是让人略微失望的，就是 Swift 至今还没有在语言层面上支持正则表达式[1]。

原因大概是 app 开发并不像 Perl 或者 Ruby 那样的语言需要处理很多文字匹配的问题。Cocoa 开发者确实不会特别依赖正则表达式，但是并不排除有使用正则表达式的场景，我们是否能像其他语言一样，使用比如 =~ 这样的符号来进行正则匹配呢？

最容易想到也是最容易实现的当然是自定义 =~ 这个运算符。在 Cocoa 中我们可以使用 NSRegularExpression 来做正则匹配，那么我们为它写一个包装也并不是什么太困难的事情。因为做的是字符串正则匹配，所以 =~ 左右两边都是字符串。我们可以先写一个接受正则表达式的字符串，以此生成 NSRegularExpression 对象。然后使用该对象来匹配输入字符串，并返回结果告诉调用者匹配是否成功。一个最简单的实现可能是下面这样的：

```
struct RegexHelper {
    let regex: NSRegularExpression?

    init(_ pattern: String) {
        var error: NSError?
        regex = NSRegularExpression(pattern: pattern,
            options: .CaseInsensitive,
            error: &error)
    }

    func match(input: String) -> Bool {
        if let matches = regex?.matchesInString(input,
            options: nil,
            range: NSMakeRange(0, count(input))) {
            return matches.count > 0
        } else {
```

[1] *http://en.wikipedia.org/wiki/Regular_expression*

```
            return false
        }
    }
}
```

在使用的时候，比如我们想要匹配一个邮箱地址，我们可以这样来使用：

```
let mailPattern =
    "^([a-z0-9_\\.-]+)@([\\da-z\\.-]+)\\.([a-z\\.]{2,6})$"
let matcher = RegexHelper(mailPattern)
let maybeMailAddress = "onev@onevcat.com"

if matcher.match(maybeMailAddress) {
    println("有效的邮箱地址")
}
// 输出：
// 有效的邮箱地址
```

> 如果你想问 `mailPattern` 这一大串莫名其妙的匹配表达式是什么意思的话，实在抱歉这里不是正则表达式的课堂，所以关于这个问题我推荐看看这篇很棒的正则表达式 30 分钟入门教程[a]，如果你连 30 分钟都没有的话，打开 8 个常用正则表达式[b] 开始抄吧。上面那个式子就是我从这里抄来的。
>
> [a] *http://deerchao.net/tutorials/regex/regex.htm*
> [b] *http://code.tutsplus.com/tutorials/8-regular-expressions-you-should-know--net-6149*

现在我们有了方便的封装，接下来就让我们实现 =~ 吧。这里只给出结果，关于如何实现操作符和重载操作符的内容，可以参考“操作符”一节的内容。

```
infix operator =~ {
    associativity none
    precedence 130
}

func =~(lhs: String, rhs: String) -> Bool {
    return RegexHelper(rhs).match(lhs)
}
```

这下我们就可以使用类似于其他语言的正则匹配的方法了：

```
if "onev@onevcat.com" =~
    "^([a-z0-9_\\.-]+)@([\\da-z\\.-]+)\\.([a-z\\.]{2,6})$" {
```

```
    println("有效的邮箱地址")
}
// 输出：
// 有效的邮箱地址
```

Swift 1.0 版本专注于成为一个非常适合制作 app 的语言，而现在看来 Apple 和 Chris 也有野心将 Swift 带到更广阔的平台上去。那时候可能会在语言层面加上对正则表达式的支持，到时候这一节可能也就没有意义了，不过我个人还是非常期盼那一天早些到来。

Tip 25 模式匹配

在之前的“正则表达式”一节中，我们实现了用 =~ 操作符来完成简单的正则匹配。虽然在 Swift 中没有内置的正则表达式支持，但是一个和正则匹配有些相似的特性其实是内置于 Swift 中的，那就是模式匹配[1]。

当然，从概念上来说正则匹配只是模式匹配的一个子集，但是在 Swift 里现在的模式匹配还很初级，也很简单，只能支持最简单的相等匹配和范围匹配。在 Swift 中，使用 ~= 来表示模式匹配的操作符。如果我们看看 API 的话，可以看到这个操作符有下面几种版本：

```
func ~=<T : Equatable>(a: T, b: T) -> Bool

func ~=<T>(lhs: _OptionalNilComparisonType, rhs: T?) -> Bool

func ~=<I : IntervalType>(pattern: I, value: I.Bound) -> Bool
```

这三个方法从上至下分别接受不同类型的参数，它们分别是：可以判等的类型、可以与 nil 比较的类型，以及一个范围输入和某个特定值的类型：返回值很明了，都是是否匹配成功的 Bool 值。你是否会想起些什么呢？没错，就是 Swift 中非常强大的 switch，我们来看看 switch 的几种常见用法吧：

1. 对可以判等的类型的判断。

   ```
   let password = "akfuv(3"
   switch password {
       case "akfuv(3": println("密码通过")
       default:        println("验证失败")
   }
   ```

2. 对 Optional 的判断。

[1] *http://en.wikipedia.org/wiki/Pattern_matching*

```
let num: Int? = nil
switch num {
    case nil: println("没值")
    default:  println("\(num!)")
}
```

3. 对范围的判断。

```
let x = 0.5
switch x {
    case -1.0...1.0: println("区间内")
    default: println("区间外")
}
```

Swift 的 switch 就是使用了 ~= 操作符进行模式匹配，case 指定的模式作为左参数输入，而等待匹配的被 switch 的元素作为操作符的右侧参数。只不过这个调用是由 Swift 隐式地完成的。于是我们可以发挥想象力的地方就很多了，比如在 switch 中做 case 判断的时候，我们完全可以使用我们自定义的模式匹配方法来进行判断，有时候这会让代码变得非常简洁，非常有条理。我们只需要按照需求重载 ~= 操作符就行了，接下来我们通过一个使用正则表达式做匹配的例子加以说明。

首先我们要做的是重载 ~= 操作符，让它接受一个 NSRegularExpression 作为模式，去匹配输入的 String：

```
func ~=(pattern: NSRegularExpression, input: String) -> Bool {
    return pattern.numberOfMatchesInString(input,
        options: nil,
        range: NSRange(location: 0, length: countElements(input))) > 0
}
```

为了简便起见，我们再添加一个将字符串转换为 NSRegularExpression 的操作符（当然也可以使用 StringLiteralConvertible，但它不是本节的主题，在此就先不使用它了）：

```
prefix operator ~/ {}

prefix func ~/(pattern: String) -> NSRegularExpression {
    return NSRegularExpression(pattern: pattern, options: nil, error: nil)
}
```

现在，我们在 case 语句里使用正则表达式的话，就可以去匹配被 switch 的字符串了：

```
let contact = ("http://onevcat.com", "onev@onevcat.com")
let mailRegex =
~/"^([a-z0-9_\\.-]+)@([\\da-z\\.-]+)\\.([a-z\\.]{2,6})$"
let siteRegex =
~/"^(https?:\\/\\/)?([\\da-z\\.-]+)\\.([a-z\\.]{2,6})([\\/\\w \\.-]*)*\\/?$"

switch contact {
    case (siteRegex, mailRegex): println("同时拥有有效的网站和邮箱")
    case (_, mailRegex): println("只拥有有效的邮箱")
    case (siteRegex, _): println("只拥有有效的网站")
    default: println("嘛都没有")
}

// 输出
// 同时拥有网站和邮箱
```

Tip 26 ... 和..<

在很多脚本语言中（比如 Perl 和 Ruby），都有类似 `0..3` 或者 `0...3` 这样的 Range 操作符，用来简单地指定一个从 X 开始连续计数到 Y 的范围。这个特性不论在哪个社区，都是令人爱不释手的写法，Swift 中将其光明正大地“借用”过来，也就不足为奇了。

最基础的用法当然还是在两边指定数字，`0...3` 就表示从 0 开始到 3 为止并包含 3 这个数字的范围，我们将其称为全闭合的范围操作。而在某些时候（比如操作数组的 index 时），我们更常用的是不包括最后一个数字的范围。这在 Swift 中被用一个看起来有些奇怪，但是表达的意义很清晰的操作符来定义，将其写作 `0..<3` ——都写了小于号了，自然是不包含最后的 3 的意思了。

对于这样得到的数字的范围，我们可以对它进行 `for...in` 的访问：

```
for i in 0...3 {
    print(i)
}

//输出 0123
```

如果你认为 `...` 和 `..<` 只有这点内容的话，就大错特错了。我们可以仔细看看 Swift 中对这两个操作符的定义（为了更清晰，我稍微更改了一下它们的次序）：

```
/// Forms a closed range that contains both `minimum` and `maximum`.
func ...<Pos : ForwardIndexType>(minimum: Pos, maximum: Pos)
        -> Range<Pos>

/// Forms a closed range that contains both `start` and `end`.
/// Requres: `start <= end`
func ...<Pos : ForwardIndexType where Pos : Comparable>(start: Pos, end: Pos)
        -> Range<Pos>
```

```
/// Forms a half-open range that contains `minimum`, but not
/// `maximum`.
func ..<<Pos : ForwardIndexType>(minimum: Pos, maximum: Pos)
        -> Range<Pos>

/// Forms a half-open range that contains `start`, but not
/// `end`.  Requires: `start <= end`
func ..<<Pos : ForwardIndexType where Pos : Comparable>(start: Pos, end: Pos)
        -> Range<Pos>


/// Returns a closed interval from `start` through `end`
func ...<T : Comparable>(start: T, end: T) -> ClosedInterval<T>

/// Returns a half-open interval from `start` to `end`
func ..<<T : Comparable>(start: T, end: T) -> HalfOpenInterval<T>
```

不难发现，其实这几个方法都是支持泛型的。除了我们常用的输入 `Int` 或者 `Double`，返回一个 `Range` 以外，这个操作符还有一个接受 `Comparable` 的输入，并返回 `ClosedInterval` 或 `HalfOpenInterval` 的重载。在 Swift 中，除了数字以外另一个实现了 `Comparable` 的基本类型就是 `String`。也就是说，我们可以通过 `...` 或者 `..<` 来连接两个字符串。一个常见的使用场景就是检查某个字符是否合法的字符。比如想保证一个单词里的全部字符都是小写英文字母的话，可以这么做：

```
let test = "helLo"
let interval = "a"..."z"
for c in test {
    if !interval.contains(String(c)) {
        println("\(c) 不是小写字母")
    }
}

// 输出
// L 不是小写字母
```

在日常开发中，我们可能会需要确定某个字符是不是有效的 ASCII 字符，和上面的例子很相似，我们可以使用 `\0...~` 这样的 `ClosedInterval` 来进行判断（`\0` 和 `~` 分别是第一个和最后一个 ASCII 字符）。

Tip 27　AnyClass、元类型和.self

在 Swift 中能够表示“任意”这个概念的除了 Any 和 AnyObject（见“Any 和 AnyObject”一节）以外，还有一个 AnyClass。AnyClass 在 Swift 中被一个 typealias 所定义：

```
typealias AnyClass = AnyObject.Type
```

通过 AnyObject.Type 这种方式所得到的是一个元类型（Meta）。在声明时我们总是在类型的名称后面加上 .Type，比如 A.Type 代表的是 A 这个类型的类型。也就是说，我们可以声明一个元类型来存储 A 这个类型本身，而从 A 中取出其类型时，我们需要使用到 .self：

```
class A {

}

let typeA: A.Type = A.self
```

> 其实在 Swift 中，.self 可以用在类型后面取得类型本身，也可以用在某个实例后面取得这个实例本身。前一种方法可以用来获得一个表示该类型的值，这在某些时候会很有用；而后者因为拿到的是实例本身，所以似乎没有太多需要这么使用的案例。

了解了这个基础之后，我们就明白 AnyObject.Type，或者说 AnyClass 所表达的东西其实并没有什么奇怪的，它们就是任意类型本身。所以，上面对于 A 的类型的取值，我们也可以强制让它是一个 AnyClass：

```
class A {

}

let typeA: AnyClass = A.self
```

这样，要是 A 中有一个类方法，我们就可以通过 typeA 来对其进行调用了：

```
class A {
    class func method() {
        println("Hello")
    }
}

let typeA: A.Type = A.self
typeA.method()

// 或者
let anyClass: AnyClass = A.self
(anyClass as A.Type).method()
```

也许你会问，这样做有什么意义呢，我们难道不是可以直接使用 A.method() 来调用吗？没错，对于独立的类型来说我们完全没有必要关心它的元类型，但是元类型或者元编程的概念可以变得非常灵活和强大，这在我们编写某些框架性的代码时会非常方便。比如我们想要传递一些类型的时候，就不需要不断地去改动代码了。在下面的这个例子中虽然我们是用代码声明的方式获取了 MusicViewController 和 AlbumViewController 的元类型，但是这一步完全可以通过读入配置文件之类的方式来完成。而在将这些元类型存入数组并且传递给别的方法来进行配置这一点上，元类型编程就很难被替代了：

```
class MusicViewController: UIViewController {

}

class AlbumViewController: UIViewController {

}

let usingVCTypes: [AnyClass] = [MusicViewController.self,
                                AlbumViewController.self]

func setupViewControllers(vcTypes: [AnyClass]) {
    for vcType in vcTypes {
        if vcType is UIViewController.Type {
            let vc = (vcType as UIViewController.Type).`new`()
            println(vc)
        }
```

```
    }
}

setupViewControllers(usingVCTypes)
```

这么一来，我们完全可以搭好框架，然后用 DSL 的方式进行配置，就可以在不触及 Swift 编码的情况下，很简单地完成一系列复杂操作了。

另外，在 Cocoa API 中我们也常遇到需要输入一个 `AnyClass` 的情况，这时候我们也应该使用 `.self` 的方式来获取所需要的元类型，例如在注册 `tableView` 的 cell 的类型的时候：

```
self.tableView.registerClass(
    UITableViewCell.self, forCellReuseIdentifier: "myCell")
```

> .Type 表示的是某个类型的元类型，而在 Swift 中，除了 `class`、`struct` 和 `enum` 这三个类型外，我们还可以定义 `protocol`。对于 `protocol` 来说，有时候我们也会想取得接口的元类型。这时我们可以在某个 `protocol` 的名字后面使用.Protocol 来获取，使用的方法和.Type 是类似的。

Tip 28 接口和类方法中的 Self

我们在看一些接口的定义时，可能会注意到首字母大写的 Self 出现在类型的位置上，例如：

```
protocol IntervalType {
    //...

    /// Return `rhs` clamped to `self`.  The bounds of the result, even
    /// if it is empty, are always within the bounds of `self`
    func clamp(intervalToClamp: Self) -> Self

    //...
}
```

上面这个 IntervalType 的接口定义了一个方法，接受实现该接口的自身的类型，并返回一个同样的类型。

这么定义是因为接口本身其实没有自己的上下文类型信息，在声明接口的时候，我们并不知道最后究竟会是什么样的类型来实现这个接口，Swift 中也不能在接口中定义泛型进行限制。而在声明接口时，我们如果希望在接口中使用的类型就是实现这个接口本身的类型的话，就需要使用 Self 进行指代。

但是在这种情况下，Self 不仅指代实现该接口的类型本身，也包括了这个类型的子类。从概念上来说，Self 十分简单，但是实际实现一个这样的方法却要稍微转个弯。为了说明这个问题，我们假设要实现一个 Copyable 的接口，满足这个接口的类型需要返回一个和接受方法调用的实例相同的拷贝。一开始我们可能考虑这样的接口：

```
protocol Copyable {
    func copy() -> Self
}
```

这是很直接明了的，它应该做的是创建一个和接受这个方法的对象同样的东西，然后将其返回，返回的类型不应该发生改变，所以写为 Self。然后开始尝试实现一个 MyClass 来满足这个接口：

```
class MyClass: Copyable {

    var num = 1

    func copy() -> Self {
        // TODO: 返回什么？
        // return
    }
}
```

我们一开始的时候可能会写类似这样的代码：

☹ **这是错误代码**

```
func copy() -> Self {
    let result = MyClass()
    result.num = num
    return result
}
```

但显然类型是有问题的，因为该方法要求返回一个抽象的、表示当前类型的 Self，我们却返回了它的真实类型 MyClass，这会导致无法编译。也许你会尝试把方法声明中的 Self 改为 MyClass，这样声明就和实际返回一致了，但是你很快会发现，如果这样的话，实现的方法又和接口中的定义不一样了，依然不能编译。

为了解决这个问题，我们需要通过一个和上下文（也就是和 MyClass）无关的，又能够指代当前类型的方式进行初始化。希望你还能记得我们在“获取对象类型”一节中所提到的 dynamicType，在这里我们就可以使用它来做初始化，以保证方法与当前类型上下文无关，这样不论是 MyClass 还是它的子类，都可以正确地返回合适的类型满足 Self 的要求：

```
func copy() -> Self {
    let result = self.dynamicType()
    result.num = num
    return result
}
```

但是很不幸，单单是这样还是无法通过编译，编译器提示我们如果想要构建一个 Self 类型的对象的话，需要有 required 关键字修饰的初始化方法，这是因为 Swift 必须保证当前类和其子类都能响应这个 init 方法。在这个例子中，我们添加一个 required 的 init 就行了。最后，MyClass 类型是这样的：

```
class MyClass: Copyable {

    var num = 1

    func copy() -> Self {
        let result = self.dynamicType()
        result.num = num
        return result
    }

    required init() {

    }
}
```

我们可以通过测试来验证一下此行为的正确性：

```
let object = MyClass()
object.num = 100

let newObject = object.copy()
object.num = 1

println(object.num)     // 1
println(newObject.num)  // 100
```

而对于 MyClass 的子类，copy() 方法也能正确地返回子类的经过拷贝的对象了。

另一个可以使用 Self 的地方是在类方法中，使用起来也与此十分相似，核心就在于保证子类也能返回恰当的类型。

Tip 29 动态类型和多方法

在 Swift 中我们虽然可以通过 dynamicType 来获取一个对象的动态类型（也就是运行时的实际类型，而非代码指定或编译器看到的类型）。但是在使用中，Swift 现在却是不支持多方法的，也就是说，不能根据对象在动态时的类型进行合适的重载方法调用。

举个例子来说，在 Swift 里我们可以重载同样名字的方法，而只需要保证参数类型不同：

```
class Pet {}
class Cat: Pet {}
class Dog: Pet {}

func printPet(pet: Pet) {
    println("Pet")
}

func printPet(cat: Cat) {
    println("Meow")
}

func printPet(dog: Dog) {
    println("Bark")
}
```

在对这些方法进行调用时，编译器将帮助我们找到最精确的匹配：

```
printPet(Cat()) // Meow
printPet(Dog()) // Bark
printPet(Pet()) // Pet
```

对于 Cat 或者 Dog 的实例，编译器总是会寻找最合适的方法，而不会去调用一个通用的父类 Pet 的方法。这一切的行为都是发生在编译时的，如果我们写了下面这样的代码：

```
func printThem(pet: Pet, cat: Cat) {
    printPet(pet)
    printPet(cat)
}

printThem(Dog(), Cat())

// 输出:
// Pet
// Meow
```

打印时的 Dog() 的类型信息并没有被用来在运行时选择合适的 printPet(dog: Dog) 版本的方法，而是被忽略掉，并采用了编译期间决定的 Pet 版本的方法。因为 Swift 默认情况下是不采用动态派发的，因此方法的调用只能在编译时决定。

要想绕过这个限制，我们需要通过对输入类型做判断和转换：

```
func printThem(pet: Pet, cat: Cat) {
    if let aCat = pet as? Cat {
        printPet(aCat)
    } else if let aDog = pet as? Dog {
        printPet(aDog)
    }
    printPet(cat)
}

// 输出:
// Bark
// Meow
```

Tip 30　属性观察

属性观察（Property Observers）是 Swift 中一个很特殊的性质，利用属性观察我们可以在当前类型内监视对于属性的设定，并做出一些响应。Swift 中为我们提供了两个属性观察的方法，它们分别是 willSet 和 didSet。

使用这两个方法十分简单，我们只要在声明属性的时候添加相应的代码块，就可以对将要设定的值和已经设定的值进行监听了：

```
class MyClass {
    var date: NSDate {
        willSet {
            println("即将将日期从 \(date) 设定至 \(newValue)")
        }

        didSet {
            println("已经将日期从 \(oldValue) 设定至 \(date)")
        }
    }

    init() {
        date = NSDate()
    }
}

let foo = MyClass()
foo.date = foo.date.dateByAddingTimeInterval(10086)

// 输出
// 即将将日期从 2014-08-23 12:47:36 +0000 设定至 2014-08-23 15:35:42 +0000
// 已经将日期从 2014-08-23 12:47:36 +0000 设定至 2014-08-23 15:35:42 +0000
```

在 willSet 和 didSet 中我们分别可以使用 newValue 和 oldValue 来获取将要设定的和已经设定的值。属性观察的一个重要用处是作为设置值的验证，比如上面的例子中我们不希望 date 超过当前时间的一年以上的话，我们可以将 didSet 修改一下：

```
class MyClass {
    let oneYearInSecond: NSTimeInterval = 365 * 24 * 60 * 60
    var date: NSDate {

        //...

        didSet {
            if (date.timeIntervalSinceNow > oneYearInSecond) {
                println("设定的时间太晚了！")
                date = NSDate().dateByAddingTimeInterval(oneYearInSecond)
            }
            println("已经将日期从 \(oldValue) 设定至 \(date)")
        }
    }

    //...
}
```

更改一下调用，我们就能看到效果：

```
// 365 * 24 * 60 * 60 = 31_536_000
foo.date = foo.date.dateByAddingTimeInterval(100_000_000)

// 输出
// 即将将日期从 2014-08-23 13:24:14 +0000 设定至 2017-10-23 23:10:54 +0000
// 设定的时间太晚了！
// 已经将日期从 2014-08-23 13:24:14 +0000 设定至 2015-08-23 13:24:14 +0000
```

> 初始化方法对属性的设定，以及在 willSet 和 didSet 中对属性的再次设定都不会再次触发属性观察的调用，放心吧。

我们知道，在 Swift 中所声明的属性包括存储属性和计算属性两种。其中存储属性将会在内存中实际分配地址对属性进行存储，而计算属性则不包括背后的存储，只是提供 set 和 get 两种方法。在同一个类型中，属性观察和计算属性是不能同时存在的。也就是说，想在一个属性定义中同时出现 set 和 willSet 或 didSet 是一件办不到的事情。计算属性中我们可以通过改写 set 中的内容来达到和 willSet 及 didSet 同样的属性观察的目的。如果我们无法改动这个类，又想要通过属性观察做一些事情的话，可能就需要子类化这个类，并且重写它的属性了。重写的属性并不知道父类属性的具体实现情况，而只从父类属性中继承名字和类型，因此在子类的重载属性中我们是可以对父类的属性任意地添加属性观察的，而不用在意父类中到底是存储属性还是计算属性：

```
class A {
    var number :Int {
        get {
            println("get")
            return 1
        }

        set {println("set")}
    }
}

class B: A {
    override var number: Int {
        willSet {println("willSet")}
        didSet {println("didSet")}
    }
}
```

调用 number 的 set 方法可以看到工作的顺序：

```
let b = B()
b.number = 0

// 输出
// get
// willSet
// set
// didSet
```

set 和对应的属性观察的调用都在我们的预想之中。这里要注意的是 get 首先被调用了一次。这是因为我们实现了 didSet，didSet 中会用到 oldValue，而这个值需要在整个 set 动作之前进行获取并存储待用，否则将无法确保正确性。如果我们不实现 didSet 的话，这次 get 操作也将不存在。

Tip 31 final

`final` 关键字可以用在 `class`、`func` 和 `var` 前面进行修饰，表示不允许对该内容进行继承或者重写操作。这个关键字的作用和 C# 中的 `sealed` 相同，而 `sealed` 其实在 C# 算是一个饱受争议的关键字。有一些程序员认为[1]，类似这样的禁止继承和重写的做法是非常有益的，它可以更好地对代码进行版本控制，发挥更佳的性能，以及使代码更安全。因此他们甚至认为语言应当是默认不允许继承的，只有在显式地指明可以继承的时候才能子类化。

在这里我不打算对这样的想法做出判断或者评价，虽然上面列举的优点都是事实，但是另一个事实是，无论 Apple 还是微软，以及世界上很多语言，都没有作出默认不让继承和重写的决定。带着“这不是一个可以滥用的特性”的观点，我们来看看写 Swift 的时候可能会在什么情况下使用 `final`。

权限控制

给一段代码加上 `final` 就意味着编译器向你作出保证，这段代码不会再被修改，同时这也意味着你认为这段代码已经完备并且没有再被进行继承或重写的必要，因此这应该是一个需要深思熟虑才能做出的决定。在 Cocoa 开发中 app 开发是一块很大的内容，对于大多数我们自己完成的面向 app 开发代码，其实不太会提供给别人使用，这种情况下即使是将所有自己写的代码标记为 `final` 都是一件无可厚非的事情（我并不是在鼓励这么做）——因为在需要的任何时候你都可以将这个关键字去掉以恢复其可继承性。而在开发给其他开发者使用的库时，就必须更深入地考虑各种使用场景和需求了。

一般来说，不希望被继承和重写的有以下几种情况：

类或者方法的功能确实已经完备了　对于很多辅助性质的工具类或者方法，可能我们会考虑加上 `final`。这样的类有一个比较明显的特点，就是很可能只包含类方法而没有实例方

[1] *http://codebetter.com/patricksmacchia/2008/01/05/rambling-on-the-sealed-keyword/*

法。比如我们很难想到一种情况需要继承或重写一个负责计算一段字符串的 MD5 或者 AES 加密解密的工具类。这种工具类和方法的算法是经过完备验证并固定下来的，使用者只需要调用，而不会有继承和重写的需求。

这种情况很多时候遵循的是以往经验和主观判断，而单个的开发者的判断其实往往并不可靠。当希望把某个自己开发的类或者方法标为 final 的时候，去找几个富有经验的开发者，参考一下他们的意见，应该是一个比较靠谱的做法。

子类继承和修改是一件危险的事情 在子类继承或重写某些方法后可能会产生一些破坏性的后果，导致子类或者父类部分也无法正常工作。举个例子，在某个公司管理的系统中我们对员工按照一定规则进行编号，这样通过编号我们能迅速找到任一员工。而假如我们在子类中重写了这个编号方法，很可能就导致基类中的依赖员工编号的方法失效。在这类情况下，将编号方法标记为 final 以确保稳定，可能是一种更好的做法。

为了父类中某些代码一定会被执行 有时候父类中有一些关键代码是在被继承重写后必须执行的（比如状态配置、认证等等），否则将导致运行时的错误。而在一般的方法中，如果子类重写了父类方法，是没有办法强制子类方法去调用相同的父类方法的。在 Objective-C 的时候我们可以通过指定 __attribute__((objc_requires_super)) 这样的属性来让编译器在子类没有调用父类方法时抛出警告。在 Swift 中对原来的很多 attribute 的支持仍然缺失，为了达到类似的目的，我们可以使用一个 final 方法，在其中进行一些必要的配置，然后再调用某个需要子类实现的方法，以确保程序正常运行：

```
class Parent {

    final func method() {
        println("开始配置")
        // ..必要的代码

        methodImpl()

        // ..必要的代码
        println("结束配置")
    }

    func methodImpl() {
        fatalError("子类必须实现这个方法")
        // 或者也可以给出默认实现
    }
```

```
}

class Child: Parent {
    override func methodImpl() {
        //..子类的业务逻辑
    }
}
```

这样，无论我们如何使用 method，都可以保证需要的代码一定被运行过，而同时又给了子类继承和重写自定义具体实现的机会。

性能考虑

使用 final 的另一个重要理由是它可能带来性能的改善。因为编译器能够从 final 中获取额外的信息，因此可以对类或者方法调用进行额外的优化处理。但是这个优势在实际表现中可能带来的好处就算与 Objective-C 的动态派发相比也十分有限，因此在项目还有其他方面可以优化（一般来说会是算法或者图形相关内容导致性能瓶颈）的情况下，并不建议使用将类或者方法转为 final 的方式来追求性能的提升。

Tip 32 lazy 修饰符和 lazy 方法

延时加载或者说延时初始化是很常用的优化方法，在构建和生成新的对象的时候，内存分配会在运行时耗费不少时间，如果有一些对象的属性和内容非常复杂的话，这个时间更不可忽略。另外，有些情况下我们并不会立即用到一个对象的所有属性，而默认情况下初始化时，那些在特定环境下不被使用的存储属性，也一样要被初始化和赋值，也是一种浪费。

在其他语言（包括 Objective-C）中延时加载的情况是很常见的。我们在第一次访问某个属性时，要判断这个属性背后的存储是否已经存在，如果存在则直接返回，如果不存在则说明是首次访问，那么就进行初始化并存储后再返回。这样我们可以把这个属性的初始化时刻推迟，与包含它的对象的初始化时刻分开，以达到提升性能的目的。以 Objective-C 举例如下（虽然这里既没有费时操作，也不会因为使用延时加载而影响性能，但是作为一个最简单的例子，可以很好地说明问题）：

```
// ClassA.h
@property (nonatomic, copy) NSString *testString;

// ClassA.m
- (NSString *)testString {
    if (!_testString) {
        _testString = @"Hello";
        NSLog(@"只在首次访问输出");
    }
    return _testString;
}
```

在初始化 ClassA 对象后，_testString 是 nil。只有当首次访问 testString 属性时 getter 方法才会被调用，并检查是否已经初始化，如果没有的话，就进行赋值。为了方便确认，我们还在赋值时打印了一句 log。我们之后再多次访问这个属性的话，因为 _testString 已经有值，因此将直接返回。

在 Swift 中我们使用在变量属性前加 lazy 关键字的方式来简单地指定延时加载。比如上面的代码我们在 Swift 中重写的话，会是这样：

```
class ClassA {
    lazy var str: String = {
        let str = "Hello"
        println("只在首次访问输出")
        return str
    }()
}
```

我们在使用 lazy 作为属性修饰符时，只能声明属性是变量。另外我们需要显式地指定属性类型，并使用一个可以对这个属性进行赋值的语句来在首次访问属性时运行。如果我们多次访问这个实例的 str 属性的话，可以看到只有一次输出。

为了简化，我们如果不需要做什么额外工作的话，也可以对这个 lazy 的属性直接写赋值语句：

```
lazy var str: String = "Hello"
```

相比起在 Objective-C 中的实现方法，现在的 lazy 使用起来要方便得多。

另外一个不易引起注意的地方是，在 Swift 的标准库中，我们还有一组 lazy 方法，它们的定义是这样的：

```
func lazy<S : SequenceType>(s: S) -> LazySequence<S>

func lazy<S : CollectionType where S.Index : RandomAccessIndexType>(s: S)
                -> LazyRandomAccessCollection<S>

func lazy<S : CollectionType where S.Index : BidirectionalIndexType>(s: S)
                -> LazyBidirectionalCollection<S>

func lazy<S : CollectionType where S.Index : ForwardIndexType>(s: S)
                -> LazyForwardCollection<S>
```

这些方法可以配合像 map 或 filter 这类接受闭包并进行运行的方法一起，让整个行为变成延时进行的。在某些情况下这么做对性能优化也会有不小的帮助。例如，在直接使用 map 时：

```
let data = 1...3
let result = data.map {
```

```
    (i: Int) -> Int in
    println("正在处理 \(i)")
    return i * 2
}

println("准备访问结果")
for i in result {
    println("操作后结果为 \(i)")
}

println("操作完毕")
```

这么做的输出为：

```
// 正在处理 1
// 正在处理 2
// 正在处理 3
// 准备访问结果
// 操作后结果为 2
// 操作后结果为 4
// 操作后结果为 6
// 操作完毕
```

而如果我们先进行一次 lazy 操作的话，就能得到延时运行版本的容器：

```
let data = 1...3
let result = lazy(data).map {
    (i: Int) -> Int in
    println("正在处理 \(i)")
    return i * 2
}

println("准备访问结果")
for i in result {
    println("操作后结果为 \(i)")
}

println("操作完毕")
```

此时的运行结果为：

```
// 准备访问结果
// 正在处理 1
// 操作后结果为 2
// 正在处理 2
// 操作后结果为 4
// 正在处理 3
// 操作后结果为 6
// 操作完毕
```

对于那些不需要完全运行，可能提前退出的情况，使用 lazy 来进行性能优化会非常有效。

Tip 33 find

对一个数组来说，日常最常用的操作之一可能就是在数组中寻找某个元素所在的位置了。如果我们使用 NSArray 的话，可以利用 indexOfObject 方法来寻找某个对象。但是这么做有两个问题，首先是 NSArray 只能存放 NSObject 的子类，在使用 Swift 编写代码时，我们很多时候可能希望能对纯 Swift 的类型也进行存储，这时候就只能借助于 Swift 的 Array 了，而遗憾的是，Swift 的原生 Array 里并没有一个类似的方法。其次，我们出于性能的考虑，也应当尽可能地使用 Swift 的类型和数组，以避免不必要的动态调用和类型转换。

虽然在 Swift 的 Array 中并不存在寻找给定元素的位置的方法，但是 Swift 的标准库中其实为我们提供了一个更普遍的方法，那就是 find：

```
func find<C : CollectionType where
        C.Generator.Element : Equatable>(
            domain: C,
             value: C.Generator.Element) -> C.Index?
```

一开始你可能会被这个泛型方法定义给吓一跳，但其实它使用起来并没有看起来那么复杂。对于任何一个 CollectionType，只要其中的元素实现 Equatable 接口，可以被判等的话，我们就可以将容器本身和想要寻找的元素作为参数传入，然后通过将输入与容器内元素逐一进行判等并返回第一个相等的 Index 信息。

举个使用的例子，相当简单：

```
let arr = [1,2,3]
if let index = find(arr, 2) {
    println("找到, 首次出现的 index 位置为 \(index)")
} else {
    println("没有找到")
}

// 输出
// 找到, 首次出现的 index 位置为 1
```

这个方法的使用并没有什么难度，在这里提出来是因为这与传统的面向对象的编程在思想上稍有不同。在面向对象的编程的理念中浸泡多年后，我们可能更习惯于以类和对象为出发点思考问题。比如在面临从 `Array` 中寻找元素这样的问题时，往往第一反应会是去寻找 `Array` 类有没有提供这样的方法。当然这种想法本身并没有什么不对，但是 Swift 的一个非常重要的特点就是它有着非常多的函数式编程的概念的用法。在面向对象之外，Swift 给我们提供了一种全新的选择。比如我们很轻易地将 `map`、`filter` 这样强大的方法与 `find` 联合起来使用。有时候如果我们能以更函数式的思维来书写代码的话，很可能起到四两拨千斤的效果。

练习

其实可能你注意到了，像 `map` 和 `filter` 这样的方法，为了使用起来方便和清晰，对 `Array` 都又实现了一遍。你也可以尝试一下实现一个 `Array` 版本的更强大的 `find` 方法，比如接受一个返回布尔的闭包，然后寻找出数组中第一个满足闭包条件的元素等等。你甚至可以在实现完后将它加入你的代码库中，这在平时开发中会是一个很有用的方法。

Tip 34 Reflection 和 MirrorType

熟悉 Java 的读者可能会知道反射（Reflection）。这是一种在运行时检测、访问或者修改类型的行为的特性。一般的静态语言类型的结构和方法的调用等都需要在编译时决定，开发者能做的很多时候只是使用控制流（比如 if 或者 switch）来决定做出怎样的设置或是调用哪个方法。而反射特性可以让我们有机会在运行的时候通过某些条件实时地决定调用的方法，或者向某个类型动态地设置甚至加入属性及方法，是一种非常灵活和强大的语言特性。

Objective-C 中我们不会经常提及“反射”这样的词语，因为 Objective-C 的运行比一般的反射还要灵活和强大。可能很多读者已经习以为常的像通过字符串生成类或者 `selector`，进而生成对象或者调用方法等，其实都是反射的具体的表现。而在 Swift 中其实就算抛开 Objective-C 运行时的部分，在纯 Swift 范畴内也存在反射相关的一些内容，只不过相对来说功能要弱得多。

因为这部分内容并没有公开的文档说明，所以随时可能发生变动，甚至存在以后被从 Swift 的可调用标准库中去掉的可能（Apple 已经干过这种事情，最早的时候 Swift 中甚至有隐式的类型转换 `__conversion`，但因为太过危险，而被彻底去除了。现在隐式转换必须使用字面量转换的方式进行了，参见“字面量转换”一节）。在实际的项目中，也不建议使用这种没有文档说明的 API，不过有时候如果能稍微知道 Swift 中也存在这样的可能性的话，也许会有帮助（也说不定哪天 Apple 就扔出一个完整版的反射功能呢）。

Swift 中所有的类型都实现了 `Reflectable`，这个接口提供一个 `getMirror` 方法，并返回实现了 `MirrorType` 接口的一个镜像，这个镜像对象包含类型的基本信息。我们可以使用 `reflect` 方法来获取这个对象，进而在不了解类型的情况下对类型的内部实现进行探索：

```
struct Person {
    let name: String
    let age: Int
}

let xiaoMing = Person(name: "XiaoMing", age: 16)
let r = reflect(xiaoMing)     // r 是 MirrorType
```

```
println("属性个数:\(r.count)")
println("属性名:\(r[0].0), 值:\(r[0].1.summary)")
println("属性名:\(r[1].0), 值:\(r[1].1.summary)")

// 输出:
// 属性个数:2
// 属性名:name, 值:XiaoMing
// 属性名:age, 值:16
```

reflect 得到的 MirrorType 的结果中包含的元素个数可以使用 count 来访问。而对于具体元素则使用下标进行访问。在我们的例子中，下标 0 和下标 1 对应的都是类型的存储属性，它们是有两个元素的 tuple，第一个元素是属性名，第二个元素是它的值所对应的另一个 Mirror 值。我们可以使用 Mirror 的 value 来获取被转为 Any 的值，也可以访问 valueType 来了解 value 所对应的类型。因为这个值是一个 MirrorType，因此它也有可能由多个元素组成嵌套的形式（例如数组或者字典就是这样的形式）。

如果觉得一个个打印过于麻烦，我们也可以简单地使用 dump 方法来通过获取一个对象的镜像并用标准输出的方式将其输出，比如上面的对象 xiaoMing：

```
dump(xiaoMing)
// 输出:
// ▿ testme.Person
//   - name: XiaoMing
//   - age: 16
```

在这里因为篇幅有限，而且这部分内容很可能随着版本而改变，我们就不再一一介绍 MirrorType 的更详细的内容了。有兴趣的读者不妨打开 Swift 的定义文件并找到这个接口，里面对每个属性和方法的作用有详细的注释。

对于一个从对象反射出来的 MirrorType，它所包含的信息是完备的。也就是说我们可以在运行时通过 reflect 的手段了解一个 Swift 类型（当然 NSObject 类也可以）的实例的属性信息。该特性最容易想到的应用就是为任意 model 对象生成对应的 JSON 描述。我们可以对等待处理的对象的 Mirror 值进行深度优先访问，并按照属性的 valueType 将它们归类对应为不同格式。

另一个常见的应用场景是类似对 Swift 类型的对象做像 Objective-C 中 KVC 那样的 valueForKey: 的取值。通过比较取到的属性的名字和我们想要取得的 key 值就行了，非常简单：

```
func valueFrom(object: Any, key: String) -> Any? {
    let mirror = reflect(object)

    for index in 0 ..< mirror.count {
        let (targetKey, targetMirror) = mirror[index]
        if key == targetKey {
            return targetMirror.value
        }
    }

    return nil
}

// 接上面的 xiaoMing
if let name = valueFrom(xiaoMing, "name") as? String {
    println("通过 key 得到值: \(name)")
}

// 输出:
// 通过 key 得到值: XiaoMing
```

在现在的版本中，Swift 的反射特性并不是非常强大，我们只能对属性进行读取，还不能对其设定，希望在将来的版本中我们能看到更多的反射特性。

Tip 35 隐式解包 Optional

相对于普通的 Optional 值，在 Swift 中我们还有一种特殊的 Optional，在对它的成员或者方法进行访问时，编译器会帮助我们自动进行解包，这就是 ImplicitlyUnwrappedOptional。在声明的时候，我们可以通过在类型后加上一个感叹号（!）这个语法糖来告诉编译器我们需要一个可以隐式解包的 Optional 值：

```
var maybeObject: MyClass!
```

首先需要明确的是，隐式解包的 Optional 本质上与普通的 Optional 值并没有任何不同，只是我们在对这类变量的成员或方法进行访问的时候，编译器会自动为我们在后面插入解包符号 !，也就是说，对于一个隐式解包的下面的两种写法是等效的：

```
var maybeObject: MyClass! = MyClass()
maybeObject!.foo()
maybeObject.foo()
```

我们知道，如果 maybeObject 是 nil 的话，那么这两种不加检查的写法的调用都会导致程序崩溃。而如果 maybeObject 是普通的 Optional 的话，我们就只能使用第一种显式地加感叹号的写法，这能提醒我们也许应该使用 if let 的 Optional Binding 的形式来处理。而对隐式解包来说，后一种写法看起来就好像我们所操作的 maybeObject 确实就是 MyClass 类的实例一样，不需要对其检查就可以使用（当然实际上这不是真的）。为什么一向以安全著称的 Swift 中会有隐式解包，并存在让人误以为能直接访问的这种危险写法呢？

一切都是历史的错。因为 Objective-C 中 Cocoa 的所有类型变量都可以指向 nil 的，有一部分 Cocoa 的 API 中在参数或者返回时即使被声明为具体的类型，但仍然有可能在某些情况下是 nil，而同时也有另一部分 API 永远不会接收或者返回 nil。在 Objective-C 中，这两种情况并没有被加以区别，因为 Objective-C 里向 nil 发送消息并不会有什么不良影响。在将 Cocoa API 从 Objective-C 转为 Swift 的 module 声明的自动化工具里，是无法判定是否存在 nil 的，因此也无法决定哪些类型应该是实际的类型，而哪些类型应该声明为 Optional。

在这种自动化转换中，最简单粗暴的应对方式是全部转为 Optional，然后让使用者通过 Optional Binding 来判断并使用。虽然这是最安全的方式，但对使用者来说是一件非常麻烦的事情，我猜不会有人喜欢每次用 API 时在 Optional 和普通类型之间转来转去。这时候，隐式解包的 Optional 就作为一个妥协方案出现了。使用隐式解包 Optional 的最大好处是对于那些我们能确认的 API 来说，我们可直接进行属性访问和方法调用，会很方便。但是需要牢记在心的是，隐式解包并不意味着"这个变量不会是 nil，你可以放心使用"，只能说 Swift 通过这个特性给了我们一种简便但是危险的使用方式罢了。

另外，其实在 Apple 的不断修改下，在 Swift 的正式版本中，已经没有太多的隐式解包的 API 了，大部分都被根据情况转换为了确定的类型，而那些真正有可能为 nil 的值也都被定义为了不包含隐式解包的普通 Optional 值。现在比较常见的隐式解包的 Optional 就是使用 Interface Builder 时建立的 IBOutlet 了：

```
@IBOutlet weak var button: UIButton!
```

如果没有连接 IB 的话，对 button 的直接访问会导致应用崩溃，这种错误在调试应用时是很容易被发现的。在我们代码的其他部分，还是少用这样的隐式解包的 Optional 为妙。

Tip 36 多重 Optional

Optional 可以说是 Swift 的一大特色，它完全解决了“有”和“无”这两个困扰了 Objective-C 许久的哲学问题，也使得代码安全性得到了很大的增加。但是一个陷阱——或者说一个很容易让人迷惑的概念——也随之而来，那就是多重的 Optional。

在深入讨论之前，可以让我们先看看 Optional 是什么。很多读者应该已经知道，我们使用的类型后加上 ? 的语法只不过是 Optional 类型的语法糖，而实际上这个类型是一个 enum：

```
enum Optional<T> : Reflectable, NilLiteralConvertible {
    case None
    case Some(T)

    //...
}
```

在这个定义中，对 T 没有任何限制，也就是说，我们是可以在 Optional 中装入任意东西的，甚至也包括 Optional 对象自身。打个形象的比方，如果我们把 Optional 比作一个盒子，实际具体的 String 或者 Int 这样的值比作糖果的话，当我们打开一个盒子（unwrap）时，得到的结果可能有三个——空气，糖果，或者另一个盒子。

空气和糖果都很好理解，也十分直接。但是对于盒子中的盒子，使用时就相当容易出错。特别是在和各种字面量转换混用的时候需要特别注意。

对于下面这种形式的写法：

```
var string: String? = "string"
var anotherString: String?? = string
```

我们可以很明白地知道 anotherString 是 Optinal<Optional<String>>。但是除了将一个 Optional 值赋给多重 Optional 以外，我们也可以将直接的字面量值赋给它：

```
var literalOptional: String?? = "string"
```

这种情况还好，根据类型推断我们只能将 Optional<String> 放入 literalOptional 中，所以可以猜测它与上面提到的 anotherString 是等效的。但是如果我们是将 nil 赋值给它的话，情况就有所不同了。考虑下面的代码：

```
var aNil: String? = nil

var anotherNil: String?? = aNil
var literalNil: String?? = nil
```

anotherNil 和 literalNil 是不是等效的呢？答案是否定的。anotherNil 是盒子中包了一个盒子，打开内层盒子的时候我们会发现空气；但是 literalNil 是盒子中直接是空气。使用中一个最显著的区别在于：

```
if let a = anotherNil {
    println("anotherNil")
}

if let b = literalNil {
    println("literalNil")
}
```

这样的代码只能输出 anotherNil。

另一个值得注意的地方是在用 lldb 进行调试时，直接使用 po 指令打印 Optional 值的话，为了看起来方便，lldb 会将要打印的 Optional 进行展开。如果我们直接打印上面的 anotherNil 和 literalNil，得到的结果都是 nil：

```
(lldb) po anotherNil
nil

(lldb) po literalNil
nil
```

如果我们遇到了多重 Optional 的麻烦，这显然对我们是没有太大帮助的。我们可以使用 fr v -R 命令来打印出变量的未加工过时的信息，就像这样：

```
(lldb) fr v -R anotherNil
(Swift.Optional<Swift.Optional<Swift.String>>)
    anotherNil = Some {
    ... 中略
}
```

```
(lldb) fr v -R literalNil
(Swift.Optional<Swift.Optional<Swift.String>>)
    literalNil = None {
    ... 中略
}
```

这样我们就能清晰地分辨出两者的区别了。

Tip 37 Optional Map

我们经常会对 Array 类型使用 map 方法，这个方法能对数组中的所有元素应用某个规则，然后返回一个新的数组。

```
func map<U>(transform: (T) -> U) -> [U]
```

举个一个简单的使用例子：

```
let arr = [1,2,3]
let doubled = arr.map{
    $0 * 2
}

println(doubled)
// 输出:
// [2,4,6]
```

这很方便，而且在其他一些语言里 map 可以说是很常见也很常用的一个语言特性了。因此当这个特性出现在 Swift 中时，也赢得了 iOS/Mac 开发者们的欢迎。

现在假设我们有个需求，要将某个 Int? 乘 2。一个合理的策略是如果这个 Int? 有值的话，就取出值进行乘 2 的操作，如果是 nil 的话就直接将 nil 赋给结果。依照这个策略，我们可以写出如下代码：

```
let num: Int? = 3

var result: Int?
if let realNum = num {
    result = realNum * 2
} else {
    result = nil
}
```

其实我们有更优雅简洁的方式，那就是使用Optional的map。不仅在Array或CollectionType里可以用map，如果我们仔细看过Optional的声明的话，会发现它也有一个map方法，而且还有一个很有意思的注解：

```
enum Optional<T> :
    Reflectable, NilLiteralConvertible {

    //...

    /// Haskell's fmap, which was mis-named
    func map<U>(f: (T) -> U) -> U?

    //...
}
```

这个方法能让我们很方便地操作一个Optional值，而不必进行手动的解包工作。输入会被自动用类似Optinal Binding的方式进行判断，如果有值，则进入f的闭包进行变换，并返回一个U?；如果输入就是nil的话，则直接返回值为nil的U?。

有了这个方法，上面的代码就可以大大简化，而且result甚至可以使用常量值：

```
let num: Int? = 3
let result = num.map {
    $0 * 2
}

// result 为 {Some 6}
```

II

从 Objective-C/C 到 Swift

Tip 38 Selector

@selector 是 Objective-C 时代的一个关键字，它可以将一个方法转换并赋值给一个 SEL 类型，它的表现很类似一个动态的函数指针。在 Objective-C 中 selector 非常常用，从设定 target-action，到自举询问是否响应某个方法，再到指定接受通知时需要调用的方法等等，都是由 selector 来负责的。在 Objective-C 里生成一个 selector 的方法一般是这样的：

```
-(void) callMe {
    //...
}

-(void) callMeWithParam:(id)obj {
    //...
}

SEL someMethod = @selector(callMe);
SEL anotherMethod = @selector(callMeWithParam:);

// 也可以使用 NSSelectorFromString
// SEL someMethod = NSSelectorFromString(@"callMe");
// SEL anotherMethod = NSSelectorFromString(@"callMeWithParam:");
```

一般为了方便，很多人会选择使用 @selector，但是如果要追求灵活的话，可能会更愿意使用 NSSelectorFromString 的版本——因为我们可以在运行时动态生成字符串，从而通过方法的名字来调用对应的方法。

在 Swift 中没有 @selector 了，我们要生成一个 selector 的话现在只能使用字符串。Swift 里对应原来 SEL 的类型是一个叫作 Selector 的结构体，它提供了一个接受字符串的初始化方法。上面的两个例子在 Swift 中等效的写法是：

```
func callMe() {
    //...
}

func callMeWithParam(obj: AnyObject!) {
    //...
}

let someMethod = Selector("callMe")
let anotherMethod = Selector("callMeWithParam:")
```

和 Objective-C 中一样，记得要在 callMeWithParam 后面加上冒号 (:)，这才是完整的方法名。多个参数的方法名也和原来类似，是这个样子：

```
func turnByAngle(theAngle: Int, speed: Float) {
    //...
}

let method = Selector("turnByAngle:speed:")
```

另外，因为 Selector 类型实现了 StringLiteralConvertible，因此我们甚至可以不使用它的初始化方法，而直接用一个字符串进行赋值，就可以完成创建了。

最后需要注意的是，selector 其实是 Objective-C runtime 的概念，如果你的 selector 对应的方法只在 Swift 中可见的话（也就是说它是一个 Swift 中的 private 方法），在调用这个 selector 时你会遇到一个 unrecognized selector 错误：

☹ **这是错误代码**

```
private func callMe() {
    //...
}

NSTimer.scheduledTimerWithTimeInterval(1, target: self,
            selector:"callMe", userInfo: nil, repeats: true)
```

正确的做法是在 private 前面加上 @objc 关键字，这样运行时就能找到对应的方法了。

```
@objc private func callMe() {
    //...
}

NSTimer.scheduledTimerWithTimeInterval(1, target: self,
            selector:"callMe", userInfo: nil, repeats: true)
```

另外，如果方法的第一个参数有外部变量的话，在通过字符串生成 Selector 时还有一个约定，那就是在方法名和第一个外部参数之间加上 with：

```
func aMethod(external paramName: AnyObject!) { ... }
```

想获取对应的 Selector，应该这么写：

```
let s = Selector("aMethodWithExternal:")
```

Tip 39 实例方法的动态调用

在 Swift 中有一类很有意思的写法，可以让我们不直接使用实例来调用这个实例上的方法，而是通过类型取出这个类型中某个实例方法的签名，然后通过传递实例拿到实际需要调用的方法。比如我们有这样的定义：

```
class MyClass {
    func method(number: Int) -> Int {
        return number + 1
    }
}
```

想要调用 method 方法的话，最普通的使用方式是生成 MyClass 的实例，然后用 .method 来调用它：

```
let object = MyClass()
let result = object.method(1)

// result = 2
```

这就决定了我们只能在编译的时候就确定 object 实例和对应的方法调用。其实我们还可以使用刚才说到的方法，将上面的例子改写为：

```
let f = MyClass.method
let object = MyClass()
let result = f(object)(1)
```

这种语法看起来会比较奇怪，但是实际上并不复杂。在 Swift 中可以直接用 Type.instanceMethod 的语法来生成一个可以柯里化的方法。如果我们观察 f 的类型，可以知道它是：

```
f: MyClass -> (Int) -> Int
```

其实对于 Type.instanceMethod 这样的取值语句，刚才

```
let f = MyClass.method
```

做的事情是类似于下面这样的字面量转换：

```
let f = { (obj: MyClass) in obj.method }
```

这下就不难理解为什么上面的调用方法可以成立了。

这种方法只适用于实例方法，对于属性的 getter 或者 setter 是不能用类似的写法的。另外，如果我们遇到如下有类型方法的名字冲突时：

```
class MyClass {
    func method(number: Int) -> Int {
        return number + 1
    }

    class func method(number: Int) -> Int {
        return number
    }
}
```

如果不加改动，MyClass.method 取到的是类型方法，如果我们想要取实例方法的话，可以显式地加上类型声明加以区别。这种方式不仅在这里有效，在其他大多数名字有歧义的情况下，都能很好地解决问题：

```
let f1 = MyClass.method
// class func method 的版本

let f2: Int -> Int = MyClass.method
// 和 f1 相同

let f3: MyClass -> Int -> Int = MyClass.method
// func method 的柯里化版本
```

Tip 40 单例

单例是一个在 Cocoa 中很常用的模式了。对于一些希望能在全局方便访问的实例，或者在 app 的生命周期中只应该存在一个的对象，我们一般都会使用单例来存储和访问。在 Objective-C 中单例的公认的写法类似下面这样：

```
@implementation MyManager
+ (id)sharedManager {
    static MyManager *staticInstance = nil;
    static dispatch_once_t onceToken;

    dispatch_once(&onceToken, ^{
        staticInstance = [[self alloc] init];
    });
    return staticInstance;
}
@end
```

使用 GCD 中的 `dispatch_once_t` 可以保证里面的代码只被调用一次，以此保证单例在线程上的安全。

因为在 Swift 中可以直接使用 GCD，所以我们可以很方便地把类似方式的单例用 Swift 进行改写：

```
class MyManager {
    class var sharedManager : MyManager {
        struct Static {
            static var onceToken : dispatch_once_t = 0
            static var staticInstance : MyManager? = nil
        }

        dispatch_once(&Static.onceToken) {
```

```
            Static.staticInstance = MyManager()
        }

        return Static.staticInstance!
    }
}
```

因为 Swift 现在还暂时不支持存储类型的 class var 变量，所以我们需要使用一个 struct 来存储类型变量。

这样的写法当然没什么问题，但是在 Swift 里我们其实有一个更简单的保证线程安全的方式，那就是 let。上面的写法简化一下，可以变成：

```
class MyManager {
    class var sharedManager : MyManager {
        struct Static {
            static let sharedInstance : MyManager = MyManager()
        }

        return Static.sharedInstance
    }
}
```

还有另一种方式更受大家欢迎，并被认为是当前最佳的做法。由于现在 class 不支持存储式的 property，我们想要使用一个只存在一份的属性时，就只能将其定义在全局的 scope 中。值得庆幸的是，我们可以在变量定义前面加上 private 关键字，使这个变量只在当前文件中可以被访问。这样我们就可以写出一个没有嵌套的，语法上也更简单好看的单例了：

```
private let sharedInstance = MyManager()

class MyManager  {
    class var sharedManager : MyManager {
        return sharedInstance
    }
}
```

如果没有特别的需求，我建议都使用这样的方式来实现单例。

Swift 1.2 中的改进

Swift 在 1.2 版之前还不支持如 `static let` 和 `static var` 这样的存储类变量。但是在 1.2 版中 Swift 添加了对类变量的支持，因此单例可以进一步简化。将上面全局的 `sharedInstance` 拿到 `class` 中，这样结构上就更紧凑和合理了。在 Swift 1.2 及之后，推荐使用下面的方式写一个单例：

```
class MyManager  {
    private static let sharedInstance = MyManager()
    class var sharedManager : MyManager {
        return sharedInstance
    }
}
```

Tip 41 条件编译

在 C 系语言中，可以使用 `#if` 或者 `#ifdef` 之类的编译条件分支来控制哪些代码需要编译，哪些代码不需要。Swift 中没有宏定义的概念，因此我们不能使用 `#ifdef` 的方法来检查某个符号是否经过了宏定义。但是为了控制编译流程和内容，Swift 还是为我们提供了几种简单的机制来根据需求定制编译内容的。

首先 `#if` 这一套编译标记还是存在的，使用的语法也和原来没有区别：

```
#if <condition>

#elseif <condition>

#else

#endif
```

当然，`#elseif` 和 `#else` 是可选的。

但是这几个表达式里的 condition 并不是任意的。Swift 内建了几种平台和架构的组合，来帮助我们为不同的平台编译不同的代码，具体如下：

方法	可选参数
os()	OSX, iOS
arch()	x86_64, arm, arm64, i386

注意这些方法和参数都是大小写敏感的。举个例子，如果我们统一在 iOS 平台和 Mac 平台的关于颜色的 API 的话，一种可能的方法就是配合 typealias 进行条件编译：

```
#if os(OSX)
    typealias Color = NSColor
#else
    typealias Color = UIColor
#endif
```

另外对于 arch() 的参数需要说明的是，arm 和 arm64 两项分别对应 32 位 CPU 和 64 位 CPU 的真机情况，而对于模拟器，相应的 32 位设备的模拟器和 64 位设备的模拟器所对应的分别是 i386 和 x86_64，它们也是需要分开对待的。

另一种方式是对自定义的符号进行条件编译，比如我们需要使用同一个 target 完成同一个 app 的收费版和免费版两个版本，并且希望在点击某个按钮时收费版本执行功能，而免费版本弹出提示的话，可以使用类似下面的方法：

```
@IBAction func someButtonPressed(sender: AnyObject!) {
    #if FREE_VERSION
        // 弹出购买提示，导航至商店等
    #else
        // 实际功能
    #endif
}
```

在这里我们用 FREE_VERSION 这个编译符号来代表免费版本。为了使之有效，我们需要在项目的编译选项中进行设置，在项目的 Build Settings 中，找到 Swift Compiler - Custom Flags，并在其中的 Other Swift Flags 中加上 -D FREE_VERSION 就可以了。

Tip 42 编译标记

在 Objective-C 中，我们经常在代码中插入 `#param` 符号来标记代码的区间，这样在 Xcode 的导航栏中我们就可以看到组织分块后的方法列表。这在单个文件方法较多的时候进行快速定位非常有用。

在 Swift 中也有类似的方式，我们可以在代码中合适的地方添加 `// MARK:` 这样的标记（注意大写），并在后面接上名称，Xcode 将在代码中寻找这样的注释，然后以粗体标签的形式将名称显示在导航栏中，比如：

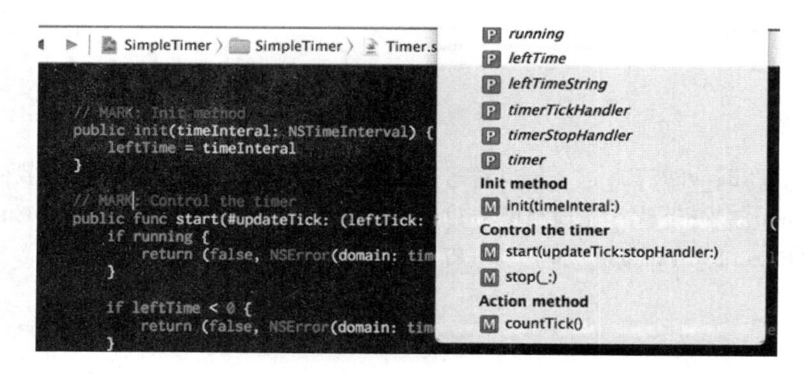

另外我们还可以在冒号的后面加一个横杠 `-`，这样在导航中会在这个位置再多显示一条横线，隔开各个部分，会显得更加清晰。

除了 `// MARK:` 以外，Xcode 还支持另外几种标记，它们分别是 `// TODO:` 和 `// FIXME:`。和 `MARK` 不同的是，另外两个标记在导航栏中不仅会显示后面跟着的名字或者说明，而且它们本身也会被显示出来，用来提示还未完成的工作或者需要修正的地方。这样在阅读源代码时首先看一看导航栏中的标记，就可以对当前文件有个大致的了解了。

以前在 Objective-C 中还有一个很常用的编译标记，那就是 `#warning`，一个 `#warning` 标记可以在 Xcode 的代码编辑器中显示为明显的黄色警告条，非常适合用来提示代码的维护者和使用者需要对某些东西加以关注。这个特性当前的 Swift 版本里还没有对应的方案。希望 Apple 能在接下来的版本中加入一些类似的标记，像这个样子：

```
// WARNING: Add your API key here
```

很遗憾，暂时没有可以在编译时像 #warning 那样生成警告的方法。

Tip 43 @UIApplicationMain

因为 Cocoa 开发环境已经在新建一个项目时帮助我们进行了很多配置，这导致了不少刚接触 iOS 的开发者都存在基础比较薄弱的问题，其中一个最显著的现象就是很多人无法说清一个 app 启动的流程。程序到底是怎么开始的，AppDelegate 到底是什么，xib 或者 storyboard 是怎么被加载到屏幕上的？这一系列的问题，我们在开发中虽然不会每次都去关心和配置，但是如果能进行一些了解的话，对于程序各个部分的职责的明确会很有帮助。

在 C 系语言中，程序的入口都是 main 函数。对于一个 Objective-C 的 iOS app 项目，在新建项目时，Xcode 将帮我们准备好一个 main.m 文件，其中就有这个 main 函数：

```
int main(int argc, char * argv[])
{
    @autoreleasepool {
        return UIApplicationMain(argc, argv, nil,
                    NSStringFromClass([AppDelegate class]));
    }
}
```

在这里我们调用了 UIKit 的 UIApplicationMain 方法。这个方法将根据第三个参数初始化一个 UIApplication 或其子类的对象并开始接收事件（在这个例子中传入 nil，意味使用默认的 UIApplication）。最后一个参数指定了 AppDelegate 类作为应用的委托，它被用来接收类似 didFinishLaunching 或者 didEnterBackground 这样的与应用生命周期相关的委托方法。另外，虽然这个方法标明为返回一个 int，但是其实它并不会真正返回。它会一直存在于内存中，直到用户或者系统将其强制终止。

了解了这些后，我们就可以来看看 Swift 项目中对应的情况了。新建一个 Swift 的 iOS app 项目后，我们会发现所有文件中都没有一个像 Objective-C 中那样的 main 文件，也不存在 main 函数。唯一和 main 有关系的是在默认的 AppDelegate 类的声明上方有一个 @UIApplicationMain 的标签。

不说可能你也已经猜到，这个标签做的事情就是将被标注的类作为委托，去创建一个UIApplication并启动整个程序。在编译的时候，编译器将寻找这个标记的类，并自动插入像main函数这样的模板代码。我们可以试试把@UIApplicationMain去掉会怎么样：

```
Undefined symbols _main
```

这说明找不到main函数了。

在一般情况下，我们并不需要对这个标签做任何修改，但是当我们想使用UIApplication的子类而不是它本身的话，我们就需要对这部分内容做点“手脚”了。

刚才说到，其实Swift的app也是需要main函数的，只不过默认情况下是@UIApplicationMain帮助我们自动生成了而已。和C系语言的main.c或者main.m文件一样，Swift项目也可以有一个名为main.swift的特殊文件。在这个文件中，我们不需要定义作用域，而可以直接书写代码。这个文件中的代码将作为main函数来执行。比如我们在删除@UIApplicationMain后，在项目中添加一个main.swift文件，然后加上这样的代码：

```
UIApplicationMain(Process.argc, Process.unsafeArgv, nil,
    NSStringFromClass(AppDelegate))
```

现在编译运行，就不会再出现错误了。当然，我们还可以将第三个参数替换成自己的UIApplication子类，这样我们就可以轻易地做一些控制整个应用行为的事情了，比如将main.swift的内容换成：

```
import UIKit

class MyApplication: UIApplication {
    override func sendEvent(event: UIEvent!) {
        super.sendEvent(event)
        println("Event sent: \(event)");
    }
}

UIApplicationMain(Process.argc, Process.unsafeArgv,
    NSStringFromClass(MyApplication), NSStringFromClass(AppDelegate))
```

这样每次发送事件（比如点击按钮）时，我们都可以监听到这个事件了。

Tip 44 @objc 和 dynamic

虽然说设计 Swift 语言的初衷是希望能摆脱 Objective-C 的沉重的历史包袱和复杂的约束，但是不可否认的是经过了二十多年的洗礼，Cocoa 框架早就烙上了不可磨灭的 Objective-C 的印记。无数的第三方库是用 Objective-C 写成的，这些积累无论是谁都不能小觑。因此，在最初的版本中，Swift 不得不考虑与 Objective-C 兼容。

Apple 采取的做法是允许我们在同一个项目中同时使用 Swift 和 Objective-C 来进行开发。其实一个项目中的 Objective-C 文件和 Swift 文件是处于两个不同“世界”中的，为了让它们能相互联通，我们需要添加一些“桥梁”。

通过添加 `{product-module-name}-Bridging-Header.h` 文件，并在其中填写想要使用的头文件名称，我们就可以很容易地在 Swift 中使用 Objective-C 代码了。Xcode 为了简化这个设定，甚至在 Swift 项目中第一次导入 Objective-C 文件时会主动弹框询问是否要自动创建这个文件，可以说非常方便。

但是如果想在 Objective-C 中使用 Swift 的类型，事情就复杂一些。如果是来自外部的框架，那么这个框架与 Objective-C 项目肯定不是处在同一个 target 中的，我们需要对外部的 Swift module 进行导入。这个其实和使用 Objective-C 的原来的 Framework 是一样的，对于一个项目来说，外界框架是由 Swift 写的还是 Objective-C 写的，两者并没有太大区别。我们通过使用 2013 年新引入的 `@import` 来引入 module：

```
@import MySwiftKit;
```

之后就可以正常使用这个 Swift 写的框架了。

如果想在 Objective-C 里使用的是同一个项目中的 Swift 的源文件的话，可以直接导入自动生成的头文件 `{product-module-name}-Swift.h` 来完成。比如项目的 target 叫作 `MyApp` 的话，我们就需要在 Objective-C 文件中这样写：

```
#import "MyApp-Swift.h"
```

但这只是故事的开始。Objective-C 和 Swift 在底层使用的是两套完全不同的机制，Cocoa 中的 Objective-C 对象是基于运行时的，它从骨子里遵循了 KVC（Key-Value Coding，通过类似字典的方式存储对象信息）及动态派发（Dynamic Dispatch，在运行调用时再决定实际调用的具体实现）。而 Swift 为了追求性能，如果没有特殊需要的话，是不会在运行时再来决定这些的。也就是说，Swift 类型的成员或者方法在编译时就已经决定，运行时便不再需要经过一次查找，而可以直接使用。

显而易见，这带来的问题是，当我们要使用 Objective-C 的代码或者特性来调用纯 Swift 的类型时候，我们会因为找不到所需要的运行时的信息，而导致失败。解决起来也很简单，在 Swift 类型文件中，我们可以将需要暴露给 Objective-C 使用的任何地方（包括类、属性和方法等）的声明前面加上 `@objc` 修饰符。注意这个步骤只需要对那些不是继承自 `NSObject` 的类型进行，如果你用 Swift 写的 class 是继承自 `NSObject` 的话，Swift 会默认自动为所有的非 private 的类和成员加上 `@objc`。这就是说，对一个 `NSObject` 的子类，你只需要导入相应的头文件就可以在 Objective-C 里使用这个类了。

`@objc` 修饰符的另一个作用是为 Objective-C 重新声明方法或者变量的名字。虽然绝大部分时候自动转换的方法名已经足够好用（比如会将 Swift 中类似 `init(name: String)` 的方法转换成 `-initWithName:(NSString *)name` 这样的），但是有时候我们还是期望在 Objective-C 里使用和 Swift 中不一样的方法名或者类名，比如 Swift 里这样的一个类：

```
class 我的类 {
    func 打招呼(名字: String) {
        println("哈喽，\(名字)")
    }
}

我的类().打招呼("小明")
```

在 Objective-C 中的的话是无法使用中文来进行调用的，因此我们**必须**使用 `@objc` 将其转为 ASCII 才能在 Objective-C 里访问：

```
@objc(MyClass)
class 我的类 {
    @objc(greeting:)
    func 打招呼(名字: String) {
        println("哈喽，\(名字)")
    }
}
```

这样，我们在 Objective-C 里就能调用 `[[MyClass new] greeting:@"XiaoMing"]` 这样的代码了（虽然比起原来一点都不好玩了）。另外，正如上面所说的以及在“Selector”一节中所提到的，即使是 `NSObject` 的子类，Swift 也不会在被标记为 `private` 的方法或成员上自动加 `@objc`。如果我们需要使用这些内容的动态特性的话，我们需要手动给它们加上 `@objc` 修饰符。

添加 `@objc` 修饰符并不意味着这个方法或者属性会变成动态派发，Swift 依然可能会将其优化为静态调用。如果你需要和 Objective-C 里动态调用时相同的运行时特性的话，你需要使用的修饰符是 `dynamic`。一般情况下在做 app 开发时应该用不上，但是在施展一些像动态替换方法或者运行时再决定实现这样的“黑魔法”的时候，我们就需要用到 `dynamic` 修饰符了。在“KVO”一节中，我们提到了一个关于使用 `dynamic` 的实例。

Tip 45 可选接口

Objective-C 中的 protocol 里存在 @optional 关键字，被这个关键字修饰的方法并非必须要被实现。我们可以通过接口定义一系列方法，然后由实现接口的类选择性地实现其中几个方法。在 Cocoa API 中很多情况下接口方法都是可选的，这点和 Swift 中的 protocol 的所有方法都必须被实现这一特性完全不同。

那些如果没有实现则接口就无法正常工作的方法一般是必不可少的，而像作为事件通知或者对非关键属性进行配置的方法一般都是可选的。最好的例子我想应该是 UITableView-DataSource 和 UITableViewDelegate。前者中有两个必要的方法：

```
-tableView:numberOfRowsInSection:
-tableView:cellForRowAtIndexPath:
```

它们分别用来计算和准备 tableView 的高度，以及提供每一个 cell 的样式，而其他的像返回 section 个数或者询问 cell 是否能被编辑的方法都有默认的行为，都是可选方法。UITableViewDelegate 中的所有方法都是详细的配置和事件回传，因此全部都是可选的。

原生的 Swift protocol 里没有可选项，所有定义的方法都是必须实现的。如果我们想和 Objective-C 里那样定义可选的接口方法，就需要将接口本身定义为 Objective-C 的，也即在 protocol 定义之前加上 @objc。另外和 Objective-C 中的 @optional 不同，我们使用没有 @ 符号的关键字 optional 来定义可选方法：

```
@objc protocol OptionalProtocol {
    optional func optionalMethod()
}
```

另外，对于所有的声明，它们的前缀修饰符是完全分开的。也就是说你不能像在 Objective-C 里那样用一个 @optional 指定接下来的若干个方法都是可选的了，必须对每一个可选方法添加前缀，对于没有前缀的方法来说，它们默认是必须实现的：

```
@objc protocol OptionalProtocol {
    optional func optionalMethod()  // 可选
    func necessaryMethod()          // 必须
    optional func anotherOptionalMethod() // 可选
}
```

一个不可避免的限制是，使用 @objc 修饰的 protocol 就只能被 class 实现了，也就是说，对于 struct 和 enum 类型，我们是无法令它们所实现的接口中含有可选方法或者属性的。

Tip 46 内存管理，weak 和 unowned

> 因为 Playground 本身会持有所有声明在其中的东西，因此本节中的示例代码需要在 Xcode 项目环境中运行，在 Playground 中可能无法得到正确的结果。

不管在什么语言里，内存管理的内容都很重要，所以我打算花比其他节长一些的篇幅仔细地说说这块内容。

Swift 是自动管理内存的，这也就是说，我们不再需要操心内存的申请和分配。当我们通过初始化创建一个对象时，Swift 会替我们管理和分配内存。而释放的过程遵循了自动引用计数（ARC）的规则：当一个对象没有引用的时候，其内存将会被自动回收。这套机制很大程度上简化了我们的编码，我们只需要保证在合适的时候将引用置空（比如超过作用域，或者手动设为 `nil` 等），就可以确保内存使用不出现问题。

但是，所有的自动引用计数机制都有一个从理论上无法绕过的限制，那就是循环引用（retain cycle）的情况。

什么是循环引用

虽然我觉得循环引用这样的概念介绍不太应该出现在这本书中，但是为了更清晰地解释 Swift 中的循环引用的一般情况，这里还是简单进行说明。假设我们有两个类 `A` 和 `B`，它们之中分别有一个可以持有对方的存储类型的属性：

```
class A {
    let b: B
    init() {
        b = B()
        b.a = self
    }
```

```
    deinit {
        println("A deinit")
    }
}

class B {
    var a: A? = nil
    deinit {
        println("B deinit")
    }
}
```

在 A 的初始化方法中，我们生成了一个 B 的实例并将其存储在属性中。然后我们又将 A 的实例赋值给了 b.a。这样 a.b 和 b.a 将在初始化的时候形成一个引用循环。现在当第三方的调用初始化了 A，然后即使立即将其释放，A 和 B 两个类实例的 deinit 方法也不会被调用，说明它们并没有被释放。

```
func application(application: UIApplication!,
                 didFinishLaunchingWithOptions launchOptions: NSDictionary!)
                 -> Bool
{

    // Override point for customization after application launch.

    var obj: A? = A()
    obj = nil
    // 内存没有释放

    return true
}
```

因为即使 obj 不再持有 A 的这个对象，b 中的 b.a 依然引用着这个对象，导致它无法释放。而进一步，a 中也持有着 b，导致 b 也无法释放。在将 obj 设为 nil 之后，我们在代码里再也拿不到对于这个对象的引用了，所以除非“杀”掉整个进程，我们**永远**无法将它释放了。

在 Swift 里防止循环引用

为了防止这种“人神共愤”的“悲剧”的发生，我们必须给编译器一点提示，表明我们不希望它们互相持有。一般来说我们习惯希望“被动”的一方不要去持有“主动”的一方。在这里，b.a 里对 A 的实例的持有是由 A 的方法设定的，我们在之后直接使用的也是 A 的实例，因此认为 b 是被动的一方。我们可以将上面的 class B 的声明改为：

```
class B {
    weak var a: A? = nil
    deinit {
        println("B deinit")
    }
}
```

在 var a 前面加上了 weak，向编译器说明我们不希望持有 a。这时，当 obj 指向 nil 时，整个环境中就没有对 A 的这个实例的持有了，于是这个实例可以得到释放。接着，这个被释放的实例上对 b 的引用 a.b 也随着这次释放结束了作用域，所以 b 的引用也将归零，得到释放。添加 weak 后的输出如下：

```
A deinit
B deinit
```

可能有心的朋友已经注意到，在 Swift 中除了 weak 以外，还有另一个冲着编译器“叫喊”着类似“不要引用我”的标识符，那就是 unowned。它们的区别在哪里呢？如果你是一直写 Objective-C 过来的，那么从表面的行为上来说 unowned 更像以前的 unsafe_unretained，而 weak 就是以前的 weak。用通俗的话说，就是 unowned 设置以后即使它原来引用的内容已经被释放了，它仍然会保持对被已经释放了的对象的一个“无效的”引用，它不能是 Optional 值，也不会被指向 nil。如果你尝试调用这个引用的方法或者访问成员属性的话，程序就会崩溃。而 weak 则友好一些，在引用的内容被释放后，标记为 weak 的成员将会自动地变成 nil（因此被标记为 @weak 的变量一定是 Optional 值）。关于两者使用的选择，Apple 给我们的建议是：如果能够确定在访问时不会已经被释放的话，就尽量使用 unowned；如果存在被释放的可能，那就选择用 weak。

我们结合现实中的编码使用来看看如何选择吧。日常工作中使用弱引用的最常见的场景有两个：

1. 设置 delegate 时。
2. 在 self 属性存储为闭包，其中有对 self 的引用时。

前者是 Cocoa 框架的常见设计模式，比如我们有一个负责网络请求的类，它实现了发送请求及接收请求结果的任务，这个结果是通过实现请求类的 protocol 的方式来实现的，这个时候我们一般设置 delegate 为 weak：

```
// RequestManager.swift
class RequestManager: RequestHandler {

    func requestFinished() {
        println("请求完成")
    }

    func sendRequest() {
        let req = Request()
        req.delegate = self

        req.send()
    }
}

// Request.swift
@objc protocol RequestHandler {
    optional func requestFinished()
}

class Request {
    weak var delegate: RequestHandler!;

    func send() {
        // 发送请求
        // 一般来说会将 req 的引用传递给网络框架
    }

    func gotResponse() {
        // 请求返回
        delegate?.requestFinished?()
    }
}
```

req 中以 weak 的方式持有了 delegate，因为网络请求是一个异步过程，很可能会遇到用户不愿意等待而选择放弃的情况。这种情况下一般都会将 RequestManager 进行清理，所以我们无法保证在拿到返回时作为 delegate 的 RequestManager 对象一定存在。因此我们使用了 weak 而非 unowned，并在调用前进行了判断。

闭包和循环引用

另一种闭包的情况稍微复杂一些。我们首先要知道，闭包中对任何其他元素的引用都是会被闭包自动持有的。如果我们在闭包中写了 self 这样的东西的话，那我们其实也就在闭包内持有了当前的对象。这里就出现了一个在实际开发中比较隐蔽的陷阱：如果当前的实例直接或者间接地对这个闭包又有引用的话，就形成了一个 self → 闭包 → self 的循环引用。最简单的例子是，我们声明了一个闭包用来以特定的形式打印 self 中的一个字符串：

```
class Person {
    let name: String
    lazy var printName: ()->() = {
        println("The name is \(self.name)")
    }

    init(personName: String) {
        name = personName
    }

    deinit {
        println("Person deinit \(self.name)")
    }
}

func application(application: UIApplication!,
        didFinishLaunchingWithOptions launchOptions: NSDictionary!)
        -> Bool
{
    // Override point for customization after application launch.
    var xiaoMing: Person = Person(personName: "XiaoMing")
    xiaoMing.printName()

    return true
```

```
}

// 输出:
// The name is XiaoMing
```

printName 是 self 的属性，会被 self 持有，而它本身又在闭包内持有 self，这导致了 xiaoMing 的 deinit 在自身超过作用域后还是没有被调用，也就是没有被释放。为了解决这种闭包内的循环引用，我们需要在闭包开始的时候添加一个标注，来表示这个闭包内的某些要素应该以何种特定的方式来使用。我们可以将 printName 修改为这样：

```
lazy var printName: ()->() = {
    [weak self] in
    if let strongSelf = self {
        println("The name is \(strongSelf.name)")
    }
}
```

现在内存释放就正确了：

```
// 输出:
// The name is XiaoMing
// Person deinit XiaoMing
```

> 如果能确定在整个过程中 self 不会被释放的话，我们可以将上面的 weak 改为 unowned，这样就不再需要 strongSelf 的判断。但是如果在过程中 self 被释放了而 printName 这个闭包没有被释放的话（比如生成 Person 后，某个外部变量持有了 printName，随后这个 Persone 对象被释放了，但是 printName 已然存在并可能被调用），使用 unowned 将造成崩溃。在这里我们需要根据实际的需求来决定使用 weak 还是 unowned。

这种在闭包参数的位置进行标注的语法结构是将要标注的内容放在原来参数的前面，并使用中括号括起来。如果有多个需要标注的元素的话，在同一个中括号内用逗号隔开，举个例子：

```
// 标注前
{ (number: Int) -> Bool in
    //...
    return true
}
```

```
// 标注后
{ [unowned self, weak someObject] (number: Int) -> Bool in
    //...
    return true
}
```

Tip 47 @autoreleasepool

Swift 在内存管理上使用的是自动引用计数（ARC）的一套方法，在 ARC 中虽然不需要手动地调用 `retain`、`release` 和 `autorelease` 这样的方法来管理引用计数，但是这些方法还是都会被调用的——只不过是编译器编译时在合适的地方帮我们加入了而已。其中 `retain` 和 `release` 都很直接，就是将对象的引用计数加 1 或者减 1。但是 `autorelease` 就比较特殊一些，它会将接受该消息的对象放到一个预先建立的自动释放池（auto release pool）中，并在自动释放池收到 `drain` 消息时将这些对象的引用计数减 1，然后将它们从池子中移除（这一过程被形象地称为“抽干池子”）。

在 app 中，整个主线程其实是跑在一个自动释放池里的，并且在每个主 Runloop 结束时进行 `drain` 操作。这是一种必要的延迟释放的方式，因为我们有时候需要确保在方法内部初始化的生成的对象在被返回后别人还能使用，而不是立即被释放掉。

在 Objective-C 中，建立一个自动释放池的语法很简单，使用 `@autoreleasepool` 就行了。如果你新建一个 Objective-C 项目，可以看到 `main.m` 中就有我们刚才说到的整个项目的 autoreleasepool：

```
int main(int argc, char *argv[]) {
    @autoreleasepool {
        int retVal = UIApplicationMain(
            argc,
            argv,
            nil,
            NSStringFromClass([AppDelegate class]));
        return retVal;
    }
}
```

更进一步，其实 `@autoreleasepool` 在编译时会被展开为 `NSAutoreleasePool`，并附带 `drain` 方法的调用。

而在 Swift 项目中，因为有了 @UIApplicationMain（见 "UIApplicationMain" 一节），我们不再需要 main 文件和 main 函数，所以原来的整个程序的自动释放池就不存在了。即使我们使用 main.swift 来作为程序的入口，也不需要自己再添加自动释放池了。

但是在一种情况下我们还是希望自动释放，那就是在一个方法作用域中要生成大量的 autorelease 对象的时候。在 Swift 1.0 中，我们可以写这样的代码：

```
func loadBigData() {
    if let path = NSBundle.mainBundle()
        .pathForResource("big", ofType: "jpg") {

        for i in 1...10000 {
            let data = NSData.dataWithContentsOfFile(
                path, options: nil, error: nil)

            NSThread.sleepForTimeInterval(0.5)
        }
    }
}
```

dataWithContentsOfFile 返回的是 autorelease 的对象，因为我们一直处在循环中，因此它们将一直没有机会被释放。当数量太多而且数据太大的时候，很容易因为内存不足而崩溃。在 Instruments 下可以看到内存 alloc 的情况：

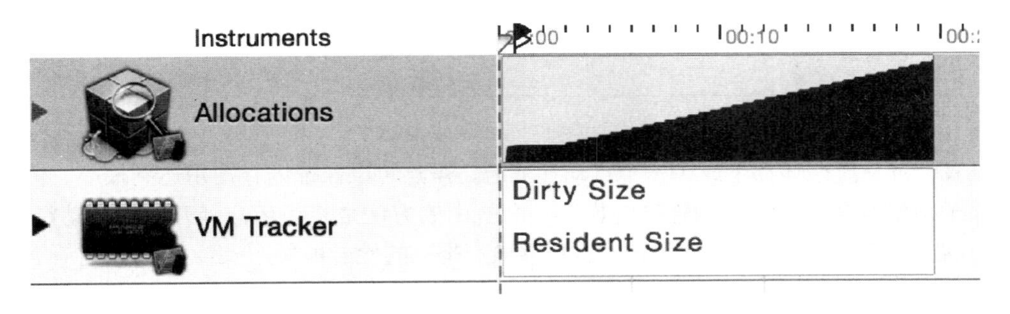

这显然是一幅很不妙的情景。在面对这种情况的时候，正确的处理方法是在其中加入一个自动释放池，这样我们就可以在循环进行到某个特定阶段的时候释放内存，保证不会因为内存不足而导致应用崩溃。在 Swift 中我们也是能使用 autoreleasepool 的——虽然语法上略有不同。相比于原来在 Objective-C 中的关键字，现在它变成了一个接受闭包的方法：

```
func autoreleasepool(code: () -> ())
```

利用尾随闭包的写法，很容易就能在 Swift 中加入一个类似的自动释放池了：

```
func loadBigData() {
    if let path = NSBundle.mainBundle()
        .pathForResource("big", ofType: "jpg") {

        for i in 1...10000 {
            autoreleasepool {
                let data = NSData.dataWithContentsOfFile(
                    path, options: nil, error: nil)

                NSThread.sleepForTimeInterval(0.5)
            }
        }
    }
}
```

这样改动以后，内存分配就没有什么可忧虑的了：

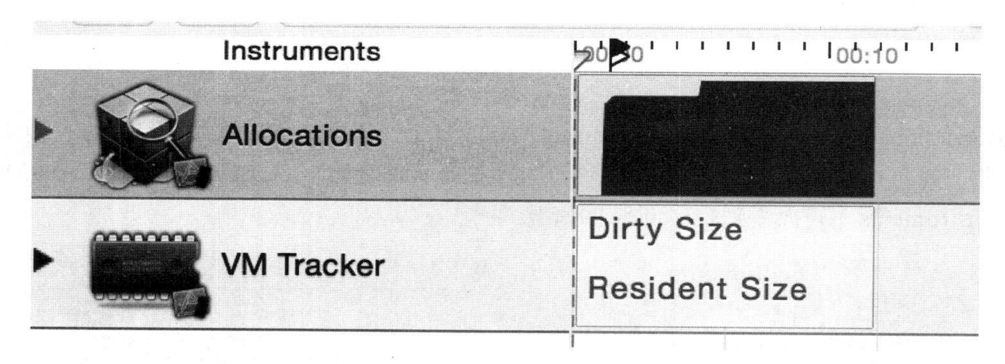

这里我们每一次循环都生成了一个自动释放池，虽然可以保证内存使用达到最小，但是释放过于频繁也会带来潜在的性能忧虑。一个折中的方法是将循环分隔开加入自动释放池，比如每十次循环对应一次自动释放，这样能减少带来的性能损失。

其实对于这个特定的例子，我们并不一定需要加入自动释放。在 Swift 中更提倡用初始化方法而不是用像上面那样的类方法来生成对象，而且在 Swift 1.1 中，因为加入了可以返回 `nil` 的初始化方法（见“初始化返回 `nil`”一节），像上面例子中那样的工厂方法都已经从 API 中删除了。今后我们都应该这样写：

```
let data = NSData(contentsOfFile: path)
```

使用初始化方法的话，我们就不需要面临自动释放的问题了，每次在超过作用域后，自动内存管理都将为我们处理好与内存相关的事情。

Tip 48　值类型和引用类型

Swift 的类型分为值类型和引用类型两种，值类型在传递和赋值时将进行复制，而引用类型则只会使用引用对象的一个“指向”。Swift 中的 struct 和 enum 定义的类型是值类型，使用 class 定义的为引用类型。很有意思的是，Swift 中的所有的内建类型都是值类型，不仅包括了传统意义上的 Int、Bool 这些，甚至连 String、Array 及 Dictionary 都是值类型的。这在程序设计上绝对算得上一个令人震撼的改动，因为据我所知现在流行的编程语言中，像数组和字典这样的类型，几乎清一色都是引用类型。

那么使用值类型有什么好处呢？相较于传统的引用类型，值类型的一个显而易见的优势就是减少了堆上内存分配和回收的次数。首先我们需要知道，Swift 的值类型，特别是数组和字典这样的容器，在内存管理上经过了精心的设计。值类型的一个特点是在传递和赋值时要进行复制，每次复制肯定会产生额外开销，但是在 Swift 中这个消耗被控制在了最小范围内，在没有必要复制的时候，值类型的复制都是不会发生的。也就是说，对于简单的赋值、参数的传递等普通操作，虽然我们可能用不同的名字来回设置和传递值类型，但是在内存上它们都是同一块内容。比如下面这样的代码：

```
var a = [1,2,3]
var b = a
let c = b
test(a)

func test(arr: [Int]) {
    for i in arr {
        println(i)
    }
}
```

这么折腾一圈下来，只在第一句 a 初始化赋值时发生了内存分配，而之后的 b、c 甚至传递到 test 方法内的 arr，和最开始的 a 在物理内存上都是同一个东西。而且这个 a 还只在栈空间上，于是这个过程对于数组来说，只发生了指针移动，而完全没有堆内存的分配和释放的问题，这样的运行效率可以说极高。

值类型被复制的时机是值类型的内容发生改变时，比如下面在 b 中又加入了一个数，此时值复制就是必须的了：

```
var a = [1,2,3]
var b = a
b.append(5)
// 此时 a 和 b 的内存地址不再相同
```

值类型在复制时，会将存储在其中的值类型一并进行复制，而对于其中的引用类型，则只复制一份引用。这是合理的行为，因为我们不希望引用类型莫名其妙地引用到了我们设定以外其他对象：

```
class MyObject {
    var num = 0
}

var myObject = MyObject()
var a = [myObject]
var b = a

b.append(myObject)

myObject.num = 100
println(b[0].num)   //100
println(b[1].num)   //100

// myObject 的改动同时影响了 b[0] 和 b[1]
```

虽然将数组和字典设计为值类型最大的考虑是为了线程安全，但是这样的设计在存储的元素或条目数量较少时，给我们带来了另一个优点，那就是非常高效，因为“一旦赋值就不太会变化”这种使用情景在 Cocoa 框架中是占绝大多数的，这有效减少了内存的分配和回收。但是在少数情况下，我们显然也可能会在数组或者字典中存储非常多的东西，并且还要对其中的内容进行添加或者删除。在这时，Swift 内建的值类型的容器类型在每次操作时都需要复制一遍，即使是存储的都是引用类型，在复制时我们还是需要存储大量的引用，这个开销就变得不容忽视了。幸好我们还有 Cocoa 中的引用类型的容器类来对应这种情况，那就是 NSMutableArray 和 NSMutableDictionary。

所以，在使用数组合字典时的最佳实践应该是，按照具体的数据规模和操作特点来决定到时是使用值类型的容器还是引用类型的容器。在需要处理大量数据并且频繁操作（增减）其中元素时，选择 NSMutableArray 和 NSMutableDictionary 会更好，而对于容器内条目小而容器本身数目多的情况，应该使用 Swift 语言内建的 Array 和 Dictionary。

Tip 49 Foundation 框架

为了方便使用，Swift 的基本类型都可以无缝转换成 Foundation 框架中的对应类型。

因为 Cocoa 框架所接受和返回的基本数据类型都是自身框架内的类型，也就是 Foundation 中所定义的像 NSString、NSNumber 和 NSArray 等这些东西。而脱离 Cocoa 框架进行 app 开发是不可能的事情，因此我们在使用 Swift 开发 app 时无法避免地需要在 Swift 类型和 Foundation 类型间进行转换。如果需要每次显式地书写转换的话，大概就没人会喜欢用 Swift 了。还好 Swift 与 Foundation 之间的类型转换是可以自动完成的，这使得通过 Swift 使用 Cocoa 时顺畅了很多。

这个转换不仅是自动的，而且是双向的，无论何时只要有可能，转换的结果会更倾向于使用 Swift 类型。也就是说，只要你不写明类型是需要 NS 开头的类型的时候，你都会得到一个 Swift 类型。这类转换有下面的对应关系：

- String - NSString
- Int、Float、Double、Bool 及其他与数字有关的类型 - NSNumber
- Array - NSArray
- Dictionary - NSDictionary

举个例子：

```
import Foundation

let string = "/var/controller_driver/secret_photo.png"
let components = string.pathComponents
```

string 在 Swift 中是被推断为 String 类型的，但是由于我们写了 import Foundation，我们就可以直接调用到 NSString 的实例方法 pathComponents。在 Foundation 中，pathComponents 返回的应该是一个 NSArray，但是如果我们检查这里的 components 的类型，会发现它是一个 [String]。在整个过程中我们没有写任何类型转换的代码，一切都这么“静悄悄”地发生了。

如果我们出于某种原因，确实需要 NSString 及 NSArray 的话，我们需要显式的转换：

```
import Foundation

let string = "/var/controller_driver/secret_photo.png" as NSString
let components = string.pathComponents as NSArray
let fileName = components.lastObject as NSString
```

一般情况下当然是不需要多此一举的。

有一个需要注意的问题是 Array 和 Dictionary 在行为上和它们对应的 NS 模式的对应版本有些许不同。因为 Swift 的容器类型是可以装任意其他类型的，包括各种 enum 和 struct，而 NSArray 和 NSDictionary 只能放 NSObject 的子类对象。所以在 Array 和 Dictionary 中如果装有非 AnyObject 或者不能转为 AnyObject 的内容的话，做强制的转换将会抛出编译错误（这要感谢 Swift 的强类型特性，我们可以在编译的时候就抓到这样的错误）。

Tip 50　String 还是 NSString

既然像 `String` 这样的 Swift 的类型和 Foundation 对应的类是可以无缝转换的，那么我们在使用和选择的时候，有没有什么需要特别注意的呢？

简单来说，没有需要特别注意的，但还是尽可能使用原生的 `String` 类型。

原因有三。

首先虽然 `String` 和 `NSString` 有着良好的互相转换的特性，但是现在 Cocoa 所有的 API 都接受和返回 `String` 类型。我们没有必要也不必给自己凭空添加麻烦去把框架中返回的字符串做一遍转换，既然 Cocoa 鼓励使用 `String`，并且为我们提供了足够的操作 `String` 的方法，那我们为什么不直接使用呢？

其次，因为在 Swift 中 `String` 是 struct，相比起 `NSObject` 的 `NSString` 类来说，更切合字符串的"不变"这一特性。通过配合常量赋值（let），这种不变性在多线程编程时就非常重要了，它从原理上将程序员从内存访问和操作顺序的担忧中解放出来。另外，在不触及 `NSString` 特有操作和动态特性的时候，使用 `String` 的方法，在性能上也会有所提升。

最后，因为 `String` 实现了像 `CollectionType` 这样的接口，所以有些 Swift 的语法特性只有 `String` 才能使用，而 `NSString` 是没有的。一个典型例子就是 `for...in` 的枚举，我们可以写：

```
let levels = "ABCDE"
for i in levels {
    print(i)
}

// 输出：
// ABCDE
```

而如果转换为 `NSString` 的话，是无法编译的。

不过也有例外的情况。有一些 `NSString` 的方法在 `String` 中并没有实现，一个很有用的就是在 iOS 8 中新加的 containsString。我们想使用这个 API 来简单地确定某个字符串包括一个子字符串时，只能先将其转为 NSString：

```
if (levels as NSString).containsString("BC") {
    println("包含字符串")
}

// 输出：
// 包含字符串
```

> Swift 的 String 没有 containsString 是一件很奇怪的事情，而这在理论上应该不存在实现的难度，希望只是 Apple 一时忘了这个新加的 API 吧。当然你也可以自行用扩展的方式在自己的代码库为 String 添加这个方法。当然，还有一些其他的像 length 和 characterAtIndex: 这样的 API 也没有 String 的版本，这主要是因为 String 和 NSString 在编码处理上的差异导致的。

使用 String 唯一一个比较麻烦的地方在于它和 Range 的配合。在 NSString 中，我们在匹配字符串的时候通常使用 NSRange 来表示结果或者作为输入项。而在使用 String 的对应的 API 时，NSRange 也会被映射成它在 Swift 中且对应 String 的特殊版本 Range<String.Index>。这有时候会让人非常讨厌，比如：

```
let levels = "ABCDE"

let nsRange = NSMakeRange(1, 4)
// 编译错误
// 'NSRange' is not convertible to 'Range<String.Index>'
levels.stringByReplacingCharactersInRange(nsRange, withString: "AAAA")

let indexPositionOne = levels.startIndex.successor()
let swiftRange = indexPositionOne..<advance(indexPositionOne, 4)
levels.stringByReplacingCharactersInRange(swiftRange, withString: "AAAA")
// 输出：
// AAAAA
```

一般来说，我们可能更愿意和基于 Int 的 NSRange 一起工作，而不喜欢使用麻烦的 Range<String.Index>。在这种情况下，将 String 转换为 NSString 也许是个不错的选择：

```
let nsRange = NSMakeRange(1, 4)
(levels as NSString).stringByReplacingCharactersInRange(
    nsRange, withString: "AAAA")
```

Tip 51 UnsafePointer

Swift 本身从设计上来说是一门非常安全的语言，在 Swift 的思想中，所有的引用或者变量的类型都是确定并且正确对应它们的实际类型的，你应当无法进行任意的类型转换，也不能直接通过指针做出一些“出格”的事情。这种安全性在日常的程序开发中对于避免不必要的 bug，以及迅速而且稳定地找出代码错误是非常有帮助的。但是凡事都有两面性，在安全性高的同时，Swift 也相应地丧失了部分的灵活性。

现阶段想要完全抛弃 C 的一套东西还是相当困难的，特别是在很多“上古”级别的 C API 框架还在使用（或者被间接使用）。开发者，尤其是偏向较底层的框架的开发者不得不与 C API 打交道的时候，一个在 Swift 中不被鼓励的东西就出现了，那就是指针。为了与庞大的“C 系帝国”进行合作，Swift 定义了一套指针的访问和转换方法，那就是 `UnsafePointer` 和它的一系列变体。对于使用 C API 时遇到接受内存地址作为参数，或者返回是内存地址的情况，在 Swift 里会将它们转换为 `UnsafePointer<Type>` 的类型，比如说如果某个 API 在 C 中是这样的话：

```
void method(const int *num) {
    printf("%d",*num);
}
```

其对应的 Swift 方法应该是：

```
func method(num: UnsafePointer<CInt>) {
    print(num.memory)
}
```

本节中所说的 `UnsafePointer`，就是 Swift 中专门针对指针的转换。对于其他的 C 中的基础类型，在 Swift 中对应的类型都遵循统一的命名规则：在前面加上一个字母 `C` 并将原来的第一个字母大写：比如 `int`、`bool` 和 `char` 的对应类型分别是 `CInt`、`CBool` 和 `CChar`。在上面的 C 方法中，我们接受一个 `int` 的指针，转换到 Swift 里所对应的就是一个 `CInt` 的 `UnsafePointer` 类型。这里原来的 C API 中已经指明了输入的 `num` 指针是不可变的（const），因此在 Swift 中我们与之对应的是 UnsafePointer 这个不可变版本。如果只是一个普通的可变指针的话，我们可以使用 UnsafeMutablePointer 来对应：

C API	Swift API
const Type *	UnsafePointer
Type *	UnsafeMutablePointer

在 C 中，对某个指针进行取值使用的是 *，而在 Swift 中我们可以使用 memory 属性来读取相应内存中存储的内容。在通过传入指针地址进行方法调用的时候就都比较相似了，都是在前面加上 & 符号，C 的版本和 Swift 的版本只在申明变量的时候有所区别：

```
// C
int a = 123;
method(&a);   // 输出 123

// Swift
var a: CInt = 123
method(&a)    // 输出 123
```

遵守这些原则，使用 UnsafePointer 在 Swift 中进行 C API 的调用就应该不会有很大问题了。

另外一个重要的课题是如何在指针的内容和实际的值之间进行转换。比如我们如果由于某种原因需要直接使用 CFArray 的方法来获取数组中元素的时候，我们会用到这个方法：

```
func CFArrayGetValueAtIndex(theArray: CFArray!, idx: CFIndex)
                                        -> UnsafePointer<Void>
```

因为 CFArray 中是可以存放任意对象的，所以这里的返回是一个任意对象的指针，相当于 C 中的 void *。这显然不是我们想要的东西。Swift 为我们提供了一个强制转换的方法 unsafeBitCast，通过下面的代码，我们可以看到应当如何使用类似这样的 API，将一个指针强制按位转换成所需类型的对象：

```
let arr = NSArray(object: "meow")
let str = unsafeBitCast(CFArrayGetValueAtIndex(arr, 0), CFString.self)
// str = "meow"
```

unsafeBitCast 会将第一个参数的内容按照第二个参数的类型进行转换，而不去关心实际是不是可行，这也正是 UnsafePointer 的不安全性所在，因为我们不必遵守类型转换的检查，而拥有了在指针层面直接操作内存的机会。

其实说了这么多，Apple 将直接的指针访问冠以 `Unsafe` 的前缀，就是提醒我们：这些东西不安全，大家能不用就别用了吧（Apple 的另一个重要的考虑是，避免指针可以减少很多系统漏洞）！在日常开发中，我们确实不需要经常和这些东西打交道（除了传入 `NSError` 指针这个历史遗留问题以外）。总之，尽可能地在高抽象层级编写代码，会是高效和正确率的有力保证。无数先辈已经用“血淋淋”的教训告诉我们，要避免去做这样的不安全的操作，除非你确实知道你做的是什么。

Tip 52 C 指针内存管理

C 指针在 Swift 中被冠名以 unsafe（见 “UnsafePointer” 一节）的另一个原因是无法自动对其进行内存管理。在处理 Unsafe 类的指针的时候，我们需要像 ARC 时代之前那样手动地来申请和释放内存，以保证程序不会出现泄漏，或者避免因为访问已释放内存而造成崩溃。

我们如果想要声明和初始化一个指针的话，完整的做法是使用 alloc 和 initialize 来创建。如果不小心，就很容易写成下面这样：

☹ **这是错误代码**

```
class MyClass {
    var a = 1
    deinit {
        println("deinit")
    }
}

var pointer: UnsafeMutablePointer<MyClass>!

pointer = UnsafeMutablePointer<MyClass>.alloc(1)
pointer.initialize(MyClass())

println(pointer.memory.a)  // 1

pointer = nil
```

虽然我们最后将 pointer 值设为 nil，但是由于 UnsafeMutablePointer 并不会自动进行内存管理，因此其实 pointer 所指向的内存是没有被释放和回收的（这可以从 MyClass 的 deinit 没有被调用来加以证实。注意你需要在项目中运行内存相关的代码，Playground 是无法进行验证的，参见 “Playground 限制” 一节），这造成了内存泄漏。正确的做法是为 pointer 加入 destroy 和 dealloc，它们分别会释放指针指向的内存的对象及指针本身：

```
var pointer: UnsafeMutablePointer<MyClass>!

pointer = UnsafeMutablePointer<MyClass>.alloc(1)
pointer.initialize(MyClass())

println(pointer.memory.a)
pointer.destroy()
pointer.dealloc(1)
pointer = nil

// 输出：
// 1
// deinit
```

如果我们在 dealloc 之后再去访问 pointer 或者再次调用 dealloc 的话，迎接我们的自然是崩溃。这并不出乎意料之外，相信有过手动管理经验的读者都会对这种场景非常熟悉了。

在手动处理这类指针的内存管理时，我们需要遵循的一个基本原则就是谁创建谁释放。destroy、dealloc 应该与 alloc 成对出现，如果不是你创建的指针，那么一般来说你就**不需要**去释放它。一个最常见的例子是，如果你通过调用某个方法得到了指针，那么除非文档或者负责这个方法的开发者明确告诉你应该由使用者进行释放，否则都不应该去试图管理它的内存状态：

```
var x:UnsafeMutablePointer<tm>!
var t = time_t()
time(&t)
x = localtime(&t)
x = nil
```

最后，虽然在本节的例子中使用的都是 alloc 和 dealloc 的情况，但是指针的内存申请也可以使用 malloc 或者 calloc 来完成，这种情况下在释放时我们需要对应使用 free 而不是 dealloc。

Tip 53 COpaquePointer 和 CFunctionPointer

在 C 中有一类指针，你在头文件中无法找到具体的定义，只能拿到类型的名字，而所有的实现细节都是隐藏的。这类指针在 C 或 C++ 中被叫作不透明指针（Opaque Pointer），顾名思义，它的实现和表意对使用者来说是不透明的。

我们在这里不想过多讨论 C 中不透明指针的应用场景和特性，毕竟这是一本关于 Swift 的书。在 Swift 中对应这类不透明指针的类型是 `COpaquePointer`，它用来表示那些在 Swift 中无法进行类型描述的 C 指针。那些能够确定类型的指针所指向的内存是可以用某个 Swift 中的类型来描述的，因此都使用更准确的 `UnsafePointer<T>` 来存储。而对于另外那些 Swift 无法表述的指针，就统一写为 `COpaquePointer`，以作补充。

在 Swift 刚公布还在进行测试的时候，曾经有不少 API 返回或者接受的是 `COpaquePointer` 类型。但是随着 Swift 的逐渐完善，大部分涉及指针的 API 里的 `COpaquePointer` 都被正确地归类到了合适的 `Unsafe` 指针中，因此现在在开发中可能很少看到 `COpaquePointer` 了。最多的使用场景可能就是 `COpaquePointer` 和某个特定的 `Unsafe` 之间的转换了，我们可以分别使用这两个类型的初始化方法将一个指针从某个类型强制地转为另一个类型：

```
struct UnsafeMutablePointer<T> :
                    RandomAccessIndexType,
                    Hashable,
                    NilLiteralConvertible {

    //..

    init(_ other: COpaquePointer)

    //..
}

struct COpaquePointer :
                Equatable,
```

```
                   Hashable,
                   NilLiteralConvertible {
    //..

    init<T>(_ source: UnsafePointer<T>)

    //..
}
```

COpaquePointer 在 Swift 中扮演的是指针转换的"中间人"的角色，我们可以通过这个类型在不同指针类型间进行转换。当然了，这些转换都是不安全的，除非你知道自己在干什么，以及有十足的把握，否则不要这么做！

另外一种重要的指针形式是指向函数的指针，在 C 中这种情况也并不少见，即一块存储了某个函数实际所在位置的内存空间。在 Swift 中，与这类指针所对应的是 CFunctionPointer：

```
int * test() {}
```

这个无输入参数的函数指针，在 Swift 里转换的等效形式是：

```
CFunctionPointer<()->CInt>
```

同其他 C 指针在 Swift 中一样，这基本只有在与 C 语言协同工作，调用某些接受函数指针作为参数的 C API 时才会有用武之地。虽然 CFunctionPointer 可以由 COpaquePointer 进行初始化，但是在纯 Swift 环境中 C 指针以及引用的地址都是被隐藏的，要获取一个 C 方法的地址通常来说也只有通过从 C API 中返回这一个办法，因此我们也无法直接用 Swift 标准库初始化一个 CFunctionPointer，而只能是先获取然后在函数调用时进行传递。

Tip 54　GCD 和延时调用

> 因为 Playground 不进行特别配置的话是无法在线程中进行调度的，因此本节中的示例代码需要在 Xcode 项目环境中运行，在 Playground 中可能无法得到正确的结果。

GCD 是一种非常方便的使用多线程的方式。通过使用 GCD，我们可以在确保语法尽量简单的前提下进行灵活的多线程编程。在“复杂必死”的多线程编程中，保持简单就是避免错误的金科玉律。好消息是在 Swift 中是可以无缝使用 GCD 的 API 的，而且得益于闭包特性的加入，使用起来比之前在 Objective-C 中更加简单方便。在这里我不打算花费很多时间介绍 GCD 的语法和要素，否则就可以专门为 GCD 写上一节了。下面给出了一个日常生活中最常使用到的例子（说这个例子能覆盖到日常 GCD 使用的 50% 以上也不为过），来展示一下 Swift 里的 GCD 调用会是什么样子：

```
// 创建目标队列
let workingQueue = dispatch_queue_create("my_queue", nil)

// 派发到刚创建的队列中，GCD 会负责进行线程调度
dispatch_async(workingQueue) {
    // 在 workingQueue 中异步进行
    println("努力工作")
    NSThread.sleepForTimeInterval(2)  // 模拟两秒的执行时间

    dispatch_async(dispatch_get_main_queue()) {
        // 返回到主线程更新 UI
        println("结束工作，更新 UI")
    }
}
```

因为 UIKit 是只能在主线程工作的，如果在主线程的工作过于繁重的话，就会导致 app 出现“卡死”的现象：UI 不能更新，用户输入无法响应等等，这是非常糟糕的用户体验。为了避免这种情况的出现，对于繁重的（如图像加滤镜等）或者很长时间才能完成的（如从网络下载图片）任务，我们应该把它们放到后台线程进行，这样在用户看来 UI 还是可以交互的，也不会出现卡顿。在工作进行完成后，我们需要更新 UI 的话，必须回到主线程进行（要牢记和 UI 相关的工作都需要在主线程执行，否则可能发生不可预知的错误）。

在日常的开发工作中，我们经常会遇到这样的需求：在若干秒后执行某个方法。比如切换界面 2 秒后开始播一段动画，或者提示框出现 3 秒后自动消失等等。以前在 Objective-C 中，我们可以使用一个 NSObject 的实例方法 -performSelector:withObject:afterDelay: 来指定在一定时间后执行某个 selector。不过如果你现在新建一个 Swift 的项目，并且试图使用这个方法（或者这个方法的其他一切变形）的话，会发现这个方法已经不见了！

发生什么了？因为我们强调过很多次，Swift 的一大追求就是安全两个字，但是原来的 performSelector: 这套东西在 ARC 下并不是安全的。因为 ARC 为了确保参数在方法运行期间的存在，会将输入参数在方法开始时先进行 retain，然后在最后 release。而对于 performSelector: 这个方法我们并没有机会为被调用的方法指定参数，于是被调用的 selector 的输入有可能指向未知的垃圾内存地址，然后……更要命的是这种崩溃还不能每次重现。

但无论如何都想继续做延时调用的话，我们应该怎么办呢？最容易想到的是使用 NSTimer 来创建一个若干秒后调用一次的计时器。但是这么做我们需要创建新的对象，和一个本来并不相干的 NSTimer 类扯上关系，同时也会用到 Objective-C 的运行时的特性去查找方法等，总觉着有点笨。其实 GCD 里有一个很好用的延时调用，我们可以加以利用写出很漂亮的方法来，那就是 dispatch_after。最简单的使用方法看起来是这样的：

```
let time: NSTimeInterval = 2.0
let delay = dispatch_time(DISPATCH_TIME_NOW,
                          Int64(time * Double(NSEC_PER_SEC)))
dispatch_after(delay, dispatch_get_main_queue()) {
    println("2 秒后输出")
}
```

代码非常简单，并没什么值得详细说明的。只是每次写这么多的话也挺累的，在这里我们可以稍微将它封装得好用一些，最好再加上取消的功能。因为在 iOS 8 中 GCD 得到了惊人的进化，现在加入了存储一个 block 的要素 dispatch_block_t，于是我们可以很容易去取消一个正在等待执行的 block 了。取消一个任务这样的特性，在以前是 NSOperation 的专利，但是现在我们使用 GCD 也能达到同样的目的了。整个封装也许有点长，但值得一读。大家也可以把它当作练习材料检验一下自己的 Swift 基础语法的掌握情况：

```
import Foundation

typealias Task = (cancel : Bool) -> ()

func delay(time:NSTimeInterval, task:()->()) ->  Task? {

    func dispatch_later(block:()->()) {
        dispatch_after(
            dispatch_time(
                DISPATCH_TIME_NOW,
                Int64(time * Double(NSEC_PER_SEC))),
            dispatch_get_main_queue(),
            block)
    }

    var closure: dispatch_block_t? = task
    var result: Task?

    let delayedClosure: Task = {
        cancel in
        if let internalClosure = closure {
            if (cancel == false) {
                dispatch_async(dispatch_get_main_queue(), internalClosure);
            }
        }
        closure = nil
        result = nil
    }

    result = delayedClosure

    dispatch_later {
        if let delayedClosure = result {
            delayedClosure(cancel: false)
        }
    }

    return result;
```

```
}

func cancel(task:Task?) {
    task?(cancel: true)
}
```

使用的时候就很简单了，我们想在 2 秒以后干点儿什么的话，就这样做：

```
delay(2) { println("2 秒后输出") }
```

想要取消的话，我们可以先保留一个对 Task 的引用，然后调用 cancel：

```
let task = delay(5) { println("拨打 110") }

// 仔细想一想..
// 还是取消为妙..
cancel(task)
```

Tip 55 获取对象类型

我们一再强调，如果遵循规则的话，Swift 会是一门相当安全的语言：不会存在类型的疑惑，绝大多数内容应该能在编译期间就唯一确定。但是不论是 Objective-C 里很多开发者早已习惯的灵活性，还是在程序世界里总是千变万化的需求，都不可能保证一成不变。我们有时候也需要引入一定的动态特性。而其中最为基本却最为有用的技巧是获取任意一个实例类型。

在 Objective-C 中我们可以轻而易举地做到这件事，使用 `-class` 方法就可以拿到对象的类，我们甚至可以用 `NSStringFromClass` 将它转换为一个能够打印出来的字符串：

```
NSDate *date = [NSDate date];
NSLog(@"%@",NSStringFromClass([date class]));
// 输出：
// __NSDate
```

在 Swift 中，我们会发现不管是纯 Swift 的 class 还是 `NSObject` 的子类，都没有像原来那样的 `class()` 方法来获取类型了。对于 `NSObject` 的子类，因为其实类的信息的存储方式并没有发生什么大的变化，因此我们可以求助于 Objective-C 的运行时（runtime），来获取类并按照原来的方式转换：

```
let date = NSDate()
let name: AnyClass! = object_getClass(date)
println(name)
// 输出：
// __NSDate
```

其中 `object_getClass` 是一个定义在 Objective-C 的 runtime 中的方法，它可以接受任意的 `AnyObject!` 并返回它的类型 `AnyClass!`（注意这里的感叹号，它表明我们甚至可以输入 nil，并期待其返回一个 nil）。在 Swift 中其实为了获取一个 `NSObject` 或其子类的对象的实际类型，对这个调用其实有一个好看一些的写法，那就是 `dynamicType`。上面的代码用一种"更 Swift"一些的语言转换一下，会是这个样子：

```
let date = NSDate()
let name = date.dynamicType
println(name)
// 输出：
// __NSDate
```

很好，似乎我们的问题能解决了。但是仔细想想，我们上面用的都是 Objective-C 的动态特性，要是换成一个 Swift 内建类型的话，会怎么样呢？比如原生的 String：

```
let string = "Hello"
let name = string.dynamicType
println(name)
// 输出：
// Swift.String
```

可以看到对于 Swift 的原生类型，这种方式也是可行的。

> 在 Swift 1.2 之前，直接对 Swift 内建的非 AnyObject 类型使用 .dynamicType 可能会导致编译错误或者无法得到正确结果。但是随着 Swift 的不断完善和改进，现在我们已经可以统一地使用 .dynamicType 来获取一个对象的类型了。

Tip 56 自省

程序设计和人类哲学所面临的同一个很重大的课题就是解决“我是谁”这个问题。在哲学里，这个问题属于自我认知的范畴，而在程序设计中，这个问题涉及自省（Introspection）。

向一个对象发出询问，以确定它是不是属于某个类，这种操作就称为自省。在 Objective-C 中因为 `id` 这样的可以指向任意对象的指针的存在（其实严格来说 Objective-C 的指针的类型都是可以任意指向和转换的，它们只不过是帮助编译器理解你的代码而已），我们经常需要向一个对象询问它是不是属于某个类。常用的方法有下面两类：

```
[obj1 isKindOfClass:[ClassA class]];
[obj2 isMemberOfClass:[ClassB class]];
```

`-isKindOfClass:` 判断 `obj1` 是否是 `ClassA` **或者其子类**的实例对象；而 `isMemberOfClass:` 则对 `obj2` 做出判断，**当且仅当** `obj2` 的类型为 `ClassB` 时返回为真。

这两个方法是 `NSObject` 的方法，所以如果在 Swift 中写的是 `NSObject` 的子类的话，直接使用这两个方法是没有任何问题的：

```
class ClassA: NSObject { }
class ClassB: ClassA { }

let obj1: NSObject = ClassB()
let obj2: NSObject = ClassB()

obj1.isKindOfClass(ClassA.self)    // true
obj2.isMemberOfClass(ClassA.self)  // false
```

关于 `.self` 的用法，我们在“AnyClass、元类型和.self”一节里已经有所提及，这里就不再重复了。

在 Objective-C 中几乎所有的类都会是 `NSObject` 的子类，而在 Swift 的世界中，从性能方面考虑，只要有可能，我们应该更倾向于选择那些非 `NSObject` 子类的 Swift 原生类型。对于那些不是 `NSObject` 的类，我们应该怎么确定其类型呢？

首先需要明确的一点是，我们为什么要在运行时去确定类型。因为有泛型支持，Swift 对类型的推断和记录是完备的。因此在绝大多数情况下，我们使用的 Swift 类型都应该是在编译期间就确定的。如果在你写的代码中经常需要检查和确定 AnyObject 到底是什么类的话，几乎就意味着你的代码设计出了问题（或者你正在写一些充满各种“小技巧”的代码）。虽然没有太多的意义，但是我们还是可以做这件事情：

```
class ClassA { }
class ClassB: ClassA { }

let obj1: AnyObject = ClassB()
let obj2: AnyObject = ClassB()

obj1.isKindOfClass(ClassA.self)    // true
obj2.isMemberOfClass(ClassA.self)  // false
```

在 Swift 中，AnyObject 应用最多的地方应该就是原来那些返回 id 的 Cocoa API 了。

为了快速确定类型，Swift 提供了一个简洁的写法：对于一个不确定的类型，我们现在可以使用 is 来进行判断。is 在功能上相当于原来的 isKindOfClass，可以检查一个对象是否属于某类型或其子类型。is 和原来的区别主要在于两点，首先它不仅可以用于 class 类型，也可以对 Swift 的其他如 struct 或 enum 等类型进行判断。它在实际使用中是这个样子的：

```
class ClassA { }
class ClassB: ClassA { }

let obj: AnyObject = ClassB()

if (obj is ClassA) {
    println("属于 ClassA")
}

if (obj is ClassB) {
    println("属于 ClassB")
}
```

另外，编译器将对这种检查进行必要性判断：如果编译器能够唯一确定类型，那么 is 的判断就没有必要，编译器将会抛出一个错误，类似这样的代码是无法通过编译的：

```
let string = "String"
if string is String {
    // Do something
```

```
}

// 'is' test is always true
```

Tip 57　类型转换

我们暂时还不太可能脱离 Cocoa 框架，而 Swift 有着较强类型安全特性，其实这本质上和 Objective-C 时代的 Cocoa 框架是不太相符合的。在 Objective-C 里我们可以简单地使用 id 指代一切类型，在使用时如果我们可以完全确定的话，只需要声明并使用合适类型的指针就可以了。但是在 Swift 里就要麻烦一些，我们经常需要进行向下的类型转换。比如下面这段代码在 Objective-C 中再普通不过了：

```
for (UIView *view in [self.view subviews]) {
    // 对 view 进行操作
    // 如果 view 实际上不是 UIView 的话，crash
    view.backgroundColor = [UIColor redColor];
}
```

在 Objective-C 中，因为没有泛型存在，因此虽然可以确信在 Cocoa 框架中 self.view subviews 返回的数组中的对象一定都是 UIView 的子类，但是在进行传递的时候这个信息并不为编译器所知。虽然在这个例子里对背景颜色的设定不可能造成崩溃，但是最为安全的写法应该是：

```
for (id object in [self.view subviews]) {
    if ([object isKindOfClass:[UIView class]]) {
        // 对 object 进行了判断，它一定是 UIView 或其子类
        UIView * view = (UIView *)object;
        // 对 view 进行操作
        // 因为 view 一定是 UIView，所以绝对安全
        view.backgroundColor = [UIColor redColor];
    }
}
```

在 Swift 中虽然有泛型，但是绝大多数 Cocoa API 并没有对 Swift 进行很好的适配，原来返回 id 的地方现在都以 AnyObject 或者 AnyObject?（如果可能是 nil 的话）替代，而对于像数组这样的结构，除了 String 这样精心“打磨”的类型以外，基本上是简单暴力地使用

[AnyObject] 的形式返回。这就导致了在这种情况下我们无法利用泛型的特性，而需要经常做类型转换。Swift 中使用 as! 关键字做强制类型转换。结合使用 is 进行自省（见“自省”一节），上面最安全的版本对应到 Swift 中的形式是：

```
for object in self.view.subviews {
    if object is UIView {
        let view = object as! UIView
        view.backgroundColor = UIColor.redColor()
    }
}
```

这显然还是太麻烦了，但是如果我们不加检查就转换的话，若待转换对象（object）并不是目标类型（UIView），app 将崩溃，这是我们最不愿意看到的。我们可以利用 Swift 的 Optional，在保证安全的前提下让代码稍微简单一些。在类型转换的关键字 as 后面添加一个问号 ?，可以在类型不匹配及转换失败时返回 nil，这种做法显然更有 Swift 范儿：

```
for object in self.view.subviews {
    if let view = object as? UIView {
        view.backgroundColor = UIColor.redColor()
    }
}
```

不仅如此，我们还可以对整个 [AnyObject] 的数组进行转换，先将其转为 [UIView] 再直接使用：

```
if let subviews = self.view.subviews as? [UIView] {
    for view in subviews {
        view.backgroundColor = UIColor.redColor()
    }
}
```

注意对于整个数组进行转换这个行为和上面的单个转换的行为并**不是**等同的。整体转换要求数组里的**所有**元素都是目标类型，否则转换的整个结果都将变成 nil。

当然，因为这里我们总能保证 self.view.subviews 返回的数组里一定是 UIView，在这样的自信和这种特定的场景下，我们将代码写成强制的转换也无伤大雅：

```
for view in self.view.subviews as! [UIView] {
    view.backgroundColor = UIColor.redColor()
}
```

但是需要牢记，这是以牺牲了一部分类型安全为代价的简化。如果代码稍后发生了意料之外的变化，或者使用者做了什么超乎常理的事情的话，这样的代码是存在崩溃的风险的。

Tip 58 KVO

KVO（Key-Value Observing）是 Cocoa 中公认的最强大的特性之一，但是同时它也以“烂到家”的 API 和极其难用著称。和属性观察（见“属性观察”一节）不同，KVO 的目的并不是为当前类的属性提供一个钩子方法，而是为了其他不同实例对当前的某个属性（严格来说是 keypath）进行监听。其他实例可以充当一个订阅者的角色，当被监听的属性发生变化时，订阅者将得到通知。

这是一个功能很强大的属性，通过 KVO 我们可以实现很多松耦合的结构，使代码更加灵活和强大：像通过监听 model 的值来自动更新 UI 的绑定这样的工作，基本都是基于 KVO 来完成的。

在 Swift 中我们也是可以使用 KVO 的，但是仅限于在 `NSObject` 的子类中。这是可以理解的，因为 KVO 是基于 KVC（Key-Value Coding）及动态派发技术实现的，而这些东西都是 Objective-C 运行时的概念。另外由于 Swift 为了效率，默认禁用了动态派发，因此想用 Swift 来实现 KVO，我们还需要做额外的工作，那就是将想要观测的对象标记为 `dynamic`。

在 Swift 中，为一个 `NSObject` 的子类实现 KVO 的最简单的例子看起来是这样的：

```
class MyClass: NSObject {
    dynamic var date = NSDate()
}

private var myContext = 0

class ViewController: UIViewController {

    var myObject: MyClass!

    override func viewDidLoad() {
        super.viewDidLoad()
```

```
        myObject = MyClass()
        println("初始化 MyClass, 当前日期: \(myObject.date)")
        myObject.addObserver(self,
                             forKeyPath: "date",
                                options: .New,
                                context: &myContext)

        delay(3) {
            self.myObject.date = NSDate()
        }
    }

    override func observeValueForKeyPath(keyPath: String,
                                ofObject object: AnyObject,
                                         change: [NSObject: AnyObject],
                                        context: UnsafeMutablePointer<Void>)
    {
        if context == &myContext {
            println("日期发生变化 \(change[NSKeyValueChangeNewKey])")
        }
    }
}
```

> 这段代码中用到了一个叫作 delay 的方法，这不是 Swift 的方法，而是本书在“GCD 和延时调用”一节中实现的一个方法。
> 这里你只需要理解我们是过了三秒以后在主线程将 myObject 中的时间更新到了当前时间即可。

我们标明了 MyClass 的 date 为 dynamic，然后在一个 ViewController 的 viewDidLoad 中将自己添加为该实例的观察者。接下来等待了三秒钟之后改变了这个对象的被观察属性，这时我们的观察方法就将被调用。放到实际工程中运行，输出应该类似这样：

```
初始化 MyClass, 当前日期: 2014-08-23 16:37:20 +0000
日期发生变化 Optional(2014-08-23 16:37:23 +0000)
```

别忘了，新的值是从字典中取出的。虽然我们能够确定（其实是 Cocoa 向我们保证）这个字典中会有相应的键值，但是在实际使用的时候我们最好还是进行一下判断或者 Optional Binding 后再加以使用，毕竟世事难料。

在 Swift 中使用 KVO 有两个显而易见的问题。

首先是 Swift 的 KVO 需要依赖的东西比原来多。在 Objective-C 中我们几乎可以没有限制地对所有满足 KVC 的属性进行监听，而现在我们需要属性有 dynamic 进行修饰。在大多数情况下，我们想要观察的类不一定是 dynamic 修饰的（除非这个类的开发者有意为之，否则一般也不会有人愿意多花工夫在属性前加上 dynamic，因为这毕竟要影响性能），并且有时候我们很可能也无法修改想要观察的类的源码。遇到这样的情况的话，一个可能的方案是继承这个类并且将需要观察的属性使用 dynamic 进行重写。比如在刚才的 MyClass 中，如果 date 没有 dynamic 的话，我们可能就需要一个新的 MyChildClass 了：

```
class MyClass: NSObject {
    var date = NSDate()
}

class MyChildClass: MyClass {
    dynamic override var date: NSDate {
        get { return super.date }
        set { super.date = newValue }
    }
}
```

对于这种重载，我们没有必要改变什么逻辑，所以在子类中简单地用 super 去调用父类里相关的属性就可以了。

另一个大问题是，对于那些非 NSObject 的 Swift 类型该怎么办？因为 Swift 类型并没有通过 KVC 进行实现，所以更不用谈什么“对属性进行 KVO”了。对于 Swift 类型，语言中现在暂时还没有原生的类似 KVO 的观察机制。我们或许只能通过属性观察来实现一套自己的类似替代了。结合泛型和闭包这些 Swift 的先进特性（当然是相对于 Objective-C 来说的先进特性），把 API 做得比原来的 KVO 更优雅其实不是一件难事。Observable-Swift[1] 就利用了这个思路实现了一套对 Swift 类型进行观察的机制，如果你也有类似的需求，不妨参考一下。

[1] *https://github.com/slazyk/Observable-Swift/tree/master/Observable-Swift*

Tip 59 局部 scope

C 系语言中在方法内部我们是可以任意添加成对的大括号 {} 来限定代码的作用范围的。这么做一般来说有两个好处：首先是超过作用域后里面的临时变量就将失效，这不仅可以使方法内的命名更加容易，也使得那些不被需要的引用的回收提前进行了，可以稍微提高一些代码的效率；另外，在合适的位置插入括号也利于方法的梳理，对于那些不太方便提取为一个单独方法，但是又应该和当前方法内的其他部分进行区分的代码，使用大括号可以将这样的结构进行一个相对自然的划分。

举一个不失一般性的例子，虽然我个人不太喜欢使用代码手写 UI，但钟情于这么做的人还是不在少数。如果我们要在 Objective-C 中用代码构建 UI 的话，一般会选择在 `-loadView` 里写一些类似这样的代码：

```
-(void)loadView {
    UIView *view = [[UIView alloc] initWithFrame:CGRectMake(0, 0, 320, 480)];

    UILabel *titleLabel = [[UILabel alloc]
            initWithFrame:CGRectMake(150, 30, 20, 40)];
    titleLabel.textColor = [UIColor redColor];
    titleLabel.text = @"Title";
    [view addSubview:titleLabel];

    UILabel *textLabel = [[UILabel alloc]
            initWithFrame:CGRectMake(150, 80, 20, 40)];
    textLabel.textColor = [UIColor redColor];
    textLabel.text = @"Text";
    [view addSubview:textLabel];

    self.view = view;
}
```

在这里只添加了两个 view，就已经够让人心烦的了。真实的界面当然会比这个复杂很多，想想看如果有十来个 view 的话，这段代码会变成什么样子吧。我们需要考虑对各个子 view 的命名，以确保它们的意义明确。如果我们在上面的代码中把某个配置 textLabel 的代码写错成了 titleLabel 的话，编译器也不会给我们任何警告。这种 bug 是非常难以发现的，因此在这种代码一大堆但是又不太可能进行重用的时候，我更推荐使用局部 scope 将它们分隔开来。比如上面的代码建议加上括号重写为以下形式，这样至少编译器会提醒我们一些低级错误，我们也可能更专注于每个代码块：

```
-(void)loadView {
    UIView *view = [[UIView alloc] initWithFrame:CGRectMake(0, 0, 320, 480)];

    {
        UILabel *titleLabel = [[UILabel alloc]
                initWithFrame:CGRectMake(150, 30, 20, 40)];
        titleLabel.textColor = [UIColor redColor];
        titleLabel.text = @"Title";
        [view addSubview:titleLabel];
    }

    {
        UILabel *textLabel = [[UILabel alloc]
                initWithFrame:CGRectMake(150, 80, 20, 40)];
        textLabel.textColor = [UIColor redColor];
        textLabel.text = @"Text";
        [view addSubview:textLabel];
    }

    self.view = view;
}
```

在 Swift 中，直接使用大括号的写法是不支持的，因为这和闭包的定义产生了冲突。如果我们想类似地使用局部 scope 来分隔代码的话，一个不错的选择是定义一个接受 ()->() 作为函数的全局方法，然后执行它：

```
func local(closure: ()->()) {
    closure()
}
```

在使用时，可以利用尾随闭包的特性模拟局部 scope：

```
override func loadView() {
    let view = UIView(frame: CGRectMake(0, 0, 320, 480))

    local {
        let titleLabel = UILabel(frame: CGRectMake(150, 30, 20, 40))
        titleLabel.textColor = UIColor.redColor()
        titleLabel.text = "Title"
        view.addSubview(titleLabel)
    }

    local {
        let textLabel = UILabel(frame: CGRectMake(150, 80, 20, 40))
        textLabel.textColor = UIColor.redColor()
        textLabel.text = "Text"
        view.addSubview(textLabel)
    }

    self.view = view
}
```

在 Objective-C 中还有一个很棒的技巧是使用 GNU C 的声明扩展[1]来在限制局部作用域的时候同时进行赋值，运用得当的话，可以使代码更加紧凑和整洁。比如在上面的 `titleLabel` 中如果我们需要保留一个引用的话，在 Objective-C 中可以将其写为：

```
self.titleLabel = ({
    UILabel *label = [[UILabel alloc]
            initWithFrame:CGRectMake(150, 30, 20, 40)];
    label.textColor = [UIColor redColor];
    label.text = @"Title";
    [view addSubview:label];
    label;
});
```

Swift 里当然没有 GNU C 的扩展，但是使用匿名的闭包的话，写出类似的代码也不是难事：

```
titleLabel = {
    let label = UILabel(frame: CGRectMake(150, 30, 20, 40))
    label.textColor = UIColor.redColor()
    label.text = "Title"
```

[1] *https://gcc.gnu.org/onlinedocs/gcc/Statement-Exprs.html#Statement-Exprs*

```
    self.view.addSubview(label)
    return label
}()
```

这也是一种隔离代码的很好的方式。

Tip 60 判等

我们在 Objective-C 时代，通常使用 -isEqualToString: 来在已经能确定比较对象和待比较对象都是 NSString 的时候进行字符串判等。Swift 中的 String 类型中是没有 -isEqualToString: 或者 -isEqual: 这样的方法的，因为这些毕竟是 NSObject 的东西。Swift 的字符串内容判等，我们简单地使用 == 操作符来进行：

```
let str1 = "快乐的字符串"
let str2 = "快乐的字符串"
let str3 = "开心的字符串"

str1 == str2  // true
str1 == str3  // false
```

在判等上 Swift 的行为和 Objective-C 有着巨大的差别。在 Objective-C 中 == 这个符号的意思是判断两个对象是否指向同一块内存地址。其实很多时候这并不是我们所期望的判等，我们更关心的往往还是对象的内容相同，而这种意义上的相等即使两个对象引用的不是同一块内存地址时，也是可以做到的。在 Objective-C 中我们通常通过对 -isEqual: 进行重写，或者更进一步去实现类似 -isEqualToString: 这样的 -isEqualToClass: 的带有类型信息的方法来进行内容判等。如果我们没有在任意子类重写 -isEqual: 的话，在调用这个方法时会直接使用 NSObject 中的版本，去直接进行 Objective-C 的 == 判断。

在 Swift 中情况大不一样，Swift 里的 == 是一个操作符的声明，在 Equatable 里声明了这个操作符的接口方法：

```
protocol Equatable {
    func ==(lhs: Self, rhs: Self) -> Bool
}
```

实现这个接口的类型需要定义适合自己类型的 == 操作符，如果我们认为两个输入有相等关系的话，就应该返回 true。实现了 Equatable 的类型就可以使用 == 及 != 操作符来进行相等判定了（在实现时我们只需要实现 ==，!= 则由标准库自动取反实现）。这和原来 Objective-C

的 isEqual: 的行为十分相似。比如我们在一个待办事项应用中，从数据库中取得使用 uuid 进行编号的待办条目，在实践中我们一般考虑使用这个 uuid 来判定两个条目对象是不是同一条目。让这个表示条目的 TodoItem 类实现 Equatable 接口：

```
class TodoItem {
    let uuid: String
    var title: String

    init(uuid: String, title: String) {
        self.uuid = uuid
        self.title = title
    }
}

extension TodoItem: Equatable {

}

func ==(lhs: TodoItem, rhs: TodoItem) -> Bool {
    return lhs.uuid == rhs.uuid
}
```

对于 == 的实现我们并没有像实现其他一些接口一样将其放在对应的 extension 里，而是放在了全局的 scope 中。这是合理的做法，因为你应该需要在全局范围内都能使用 ==。事实上，Swift 的操作符都是全局的，关于操作符的更多信息，可以参看“操作符”一节。

Swift 的基本类型都重载了自己对应版本的 ==，而对于 NSObject 的子类来说，如果我们使用 == 并且没有对于这个子类的重载的话，将转为调用这个类的 -isEqual: 方法。这样如果这个 NSObject 子类原来就实现了 -isEqual: 的话，直接使用 == 并不会造成它和 Swift 类型的行为差异；但是如果无法找到合适的重写的话，这个方法就将回滚使用最初的 NSObject 里的实现，对引用对象地址进行直接比较。因此对于 NSObject 子类的判等你有两种选择，要么重载 ==，要么重写 -isEqual:。如果你只在 Swift 中使用你的类的话，两种方式是等效的；但是如果你还需要在 Objective-C 中使用这个类的话，因为 Objective-C 不接受操作符重载，只能使用 -isEqual:，这时你应该考虑使用第二种方式。

对于原来 Objective-C 中使用 == 进行的对象指针的判定，在 Swift 中提供的是另一个操作符 ===。在 Swift 中 === 只有一种重载：

```
func ===(lhs: AnyObject?, rhs: AnyObject?) -> Bool
```

它用来判断两个 AnyObject（见“Any 和 AnyObject”一节）是否是同一个引用。

对于判等，和它紧密相关的一个话题就是哈希，因为哈希是一个稍微复杂的话题，所以我将它单独写成了一节。但是如果在实际项目中你需要重载 `==` 或者重写 `-isEqual:` 来进行判等的话，很可能你也会想看看有关哈希的内容，重载了判等的话，我们还需要提供一个可靠的哈希算法，使得判等的对象在字典中作为 key 时不会发生奇怪的事情。

Tip 61 哈希

哈希表[1]或者说散列表是程序世界中的一种基础数据结构，鉴于有太多的教程和资料已经将这个问题翻来覆去讲了无数遍，作为一个非科班出身的“码农”就不在数据结构理论或者哈希算法这方面班门弄斧了。简单地说，我们需要给判等结果为相同的对象提供相同的哈希值，以保证在被用作字典的 key 时的确定性和性能。在这里，我们主要说说在 Swift 里对于哈希的使用。

在“判等”一节中我们提到，Swift 中对 NSObject 子类对象使用 == 时要是该子类没有实现这个操作符重载的话将回滚到 -isEqual: 方法。对于哈希计算，Swift 也采用了类似的策略。Swift 类型中提供了一个叫作 Hashable 的接口，实现这个接口即可为该类型提供哈希支持：

```
protocol Hashable : Equatable {
    var hashValue: Int { get }
}
```

Swift 的原生 Dictionary 中，key 必须是实现了 Hashable 接口的类型。像 Int 或者 String 这些 Swift 基础类型，已经实现了这个接口，因此可以用来作为 key 来使用。比如 Int 的 hashValue 就是它本身：

```
let num = 19
println(num.hashValue) // 19
```

对 Objective-C 熟悉的读者可能知道 NSObject 中有一个 -hash 方法。当我们对一个 NSObject 的子类的 -isEqual: 进行重写的时候，我们一般也需要将 -hash 方法重写，已提供一个判等为真时返回同样哈希值的方法。在 Swift 中，NSObject 也默认就实现了 Hashable，而且和判等的时候情况类似，NSObject 对象的 hashValue 属性的访问将返回其对应的 -hash 的值。

所以在重写哈希方法时所采用的策略，与判等时是类似的：对于非 NSObject 的类，我们需要遵守 Hashable 并根据 == 操作符的内容给出哈希算法；而对于 NSObject 子类，需要根据是否需要在 Objective-C 中访问而选择合适的重写方式，去实现 Hashable 的 hashValue 或者直接重写 NSObject 的 -hash 方法。

[1] *http://en.wikipedia.org/wiki/Hash_table*

也就是说，在 Objective-C 中，对于 NSObject 的子类来说，其实 NSDictionary 的安全性是人为来保障的。对于那些重写了判等但是没有重写对应的哈希方法的子类，编译器并不能给出实质性的帮助。而在 Swift 中，如果你使用非 NSObject 的类型和原生的 Dictionary，并试图将这个类型作为字典的 key 的话，编译器将直接抛出错误。从这方面来说，如果我们尽量使用 Swift 的话，安全性将得以大大增加。

Tip 62 类簇

虽然可能不太被重视，但类簇（class cluster）[1] 确实是 Cocoa 框架中广泛使用的设计模式之一。简单来说类簇就是使用一个统一的公共的类来订制单一的接口，然后在表面之下对应若干个私有类进行实现的方式。这么做最大的好处是避免公开很多子类造成混乱，一个最典型的例子是 NSNumber，我们有一系列不同的方法可以从整数、浮点数或者布尔值来生成一个 NSNumber 对象，而实际上它们可能是不同的私有子类对象：

```
NSNumber * num1 = [[NSNumber alloc] initWithInt:1];
// __NSCFNumber

NSNumber * num2 = [[NSNumber alloc] initWithFloat:1.0];
// __NSCFNumber

NSNumber * num3 = [[NSNumber alloc] initWithBool:YES];
// __NSCFBoolean
```

类簇在子类种类繁多，但是行为相对统一的时候对于简化接口非常有帮助。

在 Objective-C 中，init 开头的初始化方法虽然打着初始化的名号，但是实际做的事情和其他方法并没有太多不同之处。类簇在 Objective-C 中实现起来也很自然，在所谓的“初始化方法”中将 self 进行替换，根据调用的方式或者输入的类型，返回合适的私有子类对象就可以了。

但是 Swift 中的情况有所不同。因为 Swift 拥有真正的初始化方法，在初始化的时候我们只能得到当前类的实例，并且要完成所有的配置。也就是说，一个公共类是不可能在初始化方法中返回其子类的信息的。对于 Swift 中的类簇构建，一种有效的方法是使用工厂方法来进行。例如下面的代码通过 Drinking 的工厂方法将“可乐”和“啤酒”两个私有类进行了类簇化：

[1] *https://developer.apple.com/library/ios/documentation/general/conceptual/CocoaEncyclopedia/ClassClusters/ClassClusters.html*

```
class Drinking {
    typealias LiquidColor = UIColor
    var color: LiquidColor {
        return LiquidColor.clearColor()
    }

    class func drinking(name: String) -> Drinking {
        var drinking: Drinking
        switch name {
        case "Coke":
            drinking = Coke()
        case "Beer":
            drinking = Beer()
        default:
            drinking = Drinking()
        }

        return drinking
    }
}

class Coke: Drinking {
    override var color: LiquidColor {
        return LiquidColor.blackColor()
    }
}

class Beer: Drinking {
    override var color: LiquidColor {
        return LiquidColor.yellowColor()
    }
}

let coke = Drinking.drinking("Coke")
coke.color // Black

let beer = Drinking.drinking("Beer")
beer.color // Yellow
```

通过“获取对象类型”一节中提到的方法，我们也可以确认 coke 和 beer 各自的动态类型分别是 Coke 和 Beer：

```
let cokeClass = NSStringFromClass(coke.dynamicType) //Coke
let beerClass = NSStringFromClass(beer.dynamicType) //Beer
```

Tip 63 Swizzle

Swizzle 是 Objective-C 运行时的“黑魔法”之一。我们可以通过 Swizzle，在运行时对某些方法的实现进行替换，这是 Objective-C 甚至 Cocoa 开发中最为华丽，同时也是最为危险的技巧之一。

因为 Objective-C 在方法调用时是通过类的 dispatch table 来用 selector 对实现进行查找的，因此我们在运行时如果能够替换掉某个 selector 对应的实现，那么我们就能在运行时“重新定义”这个方法的行为。如果你不太理解的话，可以想象成某个类能响应的方法是存放在一个类似字典的结构中的，这个字典的键就是方法的名字（也就是 selector），而值就是方法真正做的事情。执行某个方法时我们告诉 Objective-C 运行时想要执行的方法的名字，然后使用这个名字从这个“字典”中取值并执行。通过替换这里的值，我们就可以在不改变原来代码结构的情况下“偷天换日”了。

一般来说这样的技术可能不太常用，但是在某些情况下会非常有用，特别是当我们需要触及一些系统框架的东西的时候。比如我们已经有一个庞大的项目，并使用了很多 `UIButton` 来让用户交互。某一天，“产品汪”突然说我们需要统计一下整个 app 中用户点击所有按钮的次数。在新手看来，这似乎不应该是什么难事——只要弄个计数器然后在每次点按钮的时候加一就可以了嘛。但是对于一个以写代码为生的人来说，面临的一个严峻的问题是，这要怎么办？

我们当然可以寻遍项目里的所有按钮点击后的事件代码，然后建立一个全局计数器来计数，但是，之后的维护怎么办，寻找的时候发生了遗漏怎么办，新加入的人不知道这事怎么办？显然这是最糟糕的一条路。另一个方法是创建一个 `UIButton` 的子类，然后重写它的点击事件的方法。这种策略虽然好些，但是我们需要找遍项目中的按钮，并改变它们的继承关系，上面的那些问题也依然存在，而且要是我们已经在项目中使用了其他 `UIButton` 的子类的话，我们就不得不再去为那些子类创建新的子类，费时费力。

这个时候就该轮到 Swizzle 大显身手了。我们在全局范围内将**所有的** `UIButton` 的发送事件的方法换掉，就可以一劳永逸地解决这个问题了——不需要一段段代码替换查找，不会遗漏任何按钮，在后续开发中也不需要对这个计数的功能特别注意什么。

在 Swift 中，我们也可以在 Objective-C 运行时来进行 Swizzle。比如上面的例子，我们就可以使用这样的扩展来完成：

```
extension UIButton {
    class func xxx_swizzleSendAction() {
        struct xxx_swizzleToken {
            static var onceToken : dispatch_once_t = 0
        }
        dispatch_once(&xxx_swizzleToken.onceToken) {
            let cls: AnyClass! = UIButton.self

            let originalSelector = Selector("sendAction:to:forEvent:")
            let swizzledSelector = Selector("xxx_sendAction:to:forEvent:")

            let originalMethod =
                        class_getInstanceMethod(cls, originalSelector)
            let swizzledMethod =
                        class_getInstanceMethod(cls, swizzledSelector)

            method_exchangeImplementations(originalMethod, swizzledMethod)
        }
    }

    public func xxx_sendAction(action: Selector,
                                   to: AnyObject!,
                             forEvent: UIEvent!)
    {
        struct xxx_buttonTapCounter {
            static var count: Int = 0
        }

        xxx_buttonTapCounter.count += 1
        println(xxx_buttonTapCounter.count)
        xxx_sendAction(action, to: to, forEvent: forEvent)
    }
}
```

在 xxx_swizzleSendAction 方法（因为是向一个常用类中添加方法，最好还是加上前缀以防万一）中，我们先获取将被替换的方法（sendAction:to:forEvent:）和用来替换它的方法（`xxx_sendAction:to:forEvent:`）的 selector，然后通过运行时对这两个方法的具体实现进行了交换。在 `xxx_sendAction:to:forEvent:` 的实现中，我们先将计数器进行加一，然后输出。最后我们看起来是在这个方法中调用了自己，似乎会形成一个死循环。但是因为我们实际上已经交换了 `sendAction:to:forEvent:` 和 `xxx_sendAction:to:forEvent:` 的实现，所以在做这个调用时恰好调用到原来的那个方法的实现。同理，在外部使用 `sendAction:to:forEvent:` 的时候（也就是点击按钮的时候），实际调用的实现会是我们在这里定义的带有计数器累加的实现。

最后我们需要在 app 启动时调用这个 `xxx_swizzleSendAction` 方法。在 Objective-C 中我们一般在 category 的 `+load` 中完成，但是 Swift 的 `extension` 和 Objective-C 的 category 略有不同，extension 并不是运行时加载的，因此也没有加载时就会被调用的类似 `load` 的方法。另外，在 extension 中也不应该做方法重写去覆盖 `load`（其实重写也是无效的）。基于这些理由，我们需要建立一个辅助类来调用这个方法以完成 Swizzle 操作：

```
class Swizzler: NSObject {
    override class func load() {
        UIButton.xxx_swizzleSendAction()
    }
}
```

这样，我们所有的按钮事件都会走我们替换进去的方法了，每点一次按钮，你都能在控制台看到当前点击数的输出了。

这种方式的 Swizzle 使用了 Objective-C 的动态派发，对于 `NSObject` 的子类是可以直接使用的，但是对于 Swift 的类，因为默认并没有使用 Objective-C 运行，因此也没有动态派发的方法列表，所以如果要 Swizzle 的是 Swift 类型的方法的话，我们需要将原方法和替换方法都加上 `dynamic` 标记，以指明它们需要使用动态派发机制。关于这方面的知识，可以参看“@objc 和 dynamic”一节的内容。

> 我们有另一种方法，甚至可以完全不借助 Objective-C 运行，而是直接替换 Swift 调用时使用的封装过的类似“函数指针”，来达到对 Swift 类型进行“Swizzle”的目的。但是这个话题和背后的原理超出了本书的范围，如果你对此感兴趣，可以尝试看看 `SWRoute`[a] 这个项目及它背后的原理[b]。
>
> [a] *https://github.com/rodionovd/SWRoute*
> [b] *https://github.com/rodionovd/SWRoute/wiki/Function-hooking-in-Swift*

Tip 64　调用 C 动态库

C 是程序世界的宝库，在我们面向的设备系统中，也内置了大量的 C 动态库帮助我们完成各种任务。比如涉及压缩的话我们很可能会借助于 libz.dylib，而像 xml 的解析的话一般链接 libxml.dylib 就会方便一些。

因为 Objective-C 是 C 的超集，因此在以前我们可以无缝地访问 C 的内容，只需要指定依赖并且导入头文件就可以了。但是骄傲的 Swift 的目的之一就是甩开 C 的历史包袱，所以现在在 Swift 中直接使用 C 代码或者 C 的库是不可能的。举个例子，计算某个字符串的 MD5 这样简单地需求，在以前我们直接使用 CommonCrypto 中的 CC_MD5 就可以了，但是现在因为我们在 Swift 中无法直接写 #import <CommonCrypto/CommonCrypto.h> 这样的代码，这些动态库暂时也没有 module 化，因此快捷的方法就只有通过 Objective-C 来进行调用了。因为 Swift 是可以通过 {product-module-name}-Bridging-Header.h 来调用 Objective-C 代码的，于是 C 作为 Objective-C 的子集，自然也一并被解决了。比如对于上面提到的 MD5 的例子，我们就可以通过头文件导入及添加 extension 来解决：

```
// TargetName-Bridging-Header.h
#import <CommonCrypto/CommonCrypto.h>

// StringMD5.swift
extension String {
    var MD5: String {
        let cString = self.cStringUsingEncoding(NSUTF8StringEncoding)
        let length = CUnsignedInt(
                self.lengthOfBytesUsingEncoding(NSUTF8StringEncoding)
            )
        let result = UnsafeMutablePointer<CUnsignedChar>.alloc(
                        Int(CC_MD5_DIGEST_LENGTH)
                     )

        CC_MD5(cString!, length, result)
```

```
        return String(format:"%02x%02x%02x%02x%02x%02x%02x%02x%02x%02x%02x%02x
            %02x%02x%02x%02x",
            result[0], result[1], result[2], result[3],
            result[4], result[5], result[6], result[7],
            result[8], result[9], result[10], result[11],
            result[12], result[13], result[14], result[15])
    }
}

// 测试
println("swifter.tips".MD5)

// 输出
// dff88de99ff03d109de22fed4f71a273
```

当然，那些有强迫症的读者可能不会希望在代码中沾上哪怕一点点C的东西，而更愿意面对纯粹的Swift代码，这样的话，也不妨重新制作Swift版本的"轮子"。比如对于CommonCrypto里的功能，已经可以在这里[1]找到完整的Swift实现了。不过如果可能的话，暂时还是建议尽量使用现有的经过了时间考验的C库。一方面现在Swift还很年轻，各种第三方库的引入和依赖机制还并不是很成熟；另外，使用动态库毕竟至少可以减小一些app尺寸，不是么？

[1] *https://github.com/krzyzanowskim/CryptoSwift*

Tip 65 输出格式化

C 系语言在字符串格式化输出上，需要通过类似 %d、%f 或者 Objective-C 中的 %@ 这样的格式在指定的位置设定占位符，然后通过参数的方式将实际要输出的内容补充完整。例如 Objective-C 中常用的向控制台输出的 NSLog 方法就使用了这种格式化方法：

```
int a = 3;
float b = 1.234567;
NSString *c = @"Hello";
NSLog(@"int:%d float:%f string:%@",a,b,c);
// 输出：
// int:3 float:1.234567 string:Hello
```

在 Swift 里，我们在输出时一般使用的 println 中是支持字符串插值的，而字符串插值时将直接使用类型的 Streamable、Printable 或者 DebugPrintable 接口（按照先后次序，前面的没有实现的话则使用后面的）中的方法返回的字符串并进行打印。这样，我们就可以不借助于占位符，也不用再去记忆类型所对应的字符表示，就能很简单地输出各种类型的字符串描述了。比如上面的代码在 Swift 中可以等效写为：

```
let a = 3;
let b = 1.234567  // 我们在这里不去区分 float 和 Double 了
let c = "Hello"
println("int:\(a) double:\(b) string:\(c)")
// 输出：
// int:3 double:1.234567 string:Hello
```

不需要记忆麻烦的类型指代字符是很值得称赞的事情，这大概也算摆脱了 C 留下的一个包袱吧。但是类 C 的这种字符串格式化也并非一无是处，在需要以一定格式输出的时候传统的方式就显得很有用，比如我们打算只输出上面的 b 中的小数点后两位的话，使用 NSLog 时可以写成下面这样：

```
NSLog(@"float:%.2f",b);
```

```
// 输出：
// float:1.23
```

而到了 Swift 的 println 中，就没有这么幸运了，这个方法并不支持在字符串插值时使用像小数点限定这样的格式化方法。因此，我们可能不得不往回求助于使用类似原来那样的字符串格式化方法。String 的格式化初始方法可以帮助我们利用格式化的字符串：

```
let format = String(format:"%.2f",b)
println("double:\(format)")
// 输出：
// double:1.23
```

当然，每次这么写的话也很麻烦。如果我们需要大量使用类似的字符串格式化功能的话，我们最好为 Double 写一个扩展：

```
extension Double {
    func format(f: String) -> String {
        return String(format: "%\(f)f", self)
    }
}
```

这样，在使用字符串插值和 println 的时候就能方便一些了：

```
let f = ".2"
println("double:\(b.format(f))")
```

Tip 66 Options

不要误会，我们谈的是 Options，不是 Optional。后者已经被谈论太多了，我不想再在上面补充什么了。

我们来说说 Options，或者 Objective-C 中的 NS_OPTIONS，在 Swift 中是怎样的形式吧。

在 Objective-C 中，我们有很多需要提供某些选项的 API，它们一般用来控制 API 的具体的行为配置等。举个例子，常用的 UIView 动画的 API 在使用时就可以进行选项指定：

```
[UIView animateWithDuration:0.3
                      delay:0.0
                    options:UIViewAnimationOptionCurveEaseIn |
                            UIViewAnimationOptionAllowUserInteraction
                 animations:^{
    // ...
} completion:nil];
```

我们可以使用 | 或者 & 这样的按位逻辑符对这些选项进行操作，这是因为一般来说在 Objective-C 中的 Options 的定义都是类似这样按位错开的：

```
typedef NS_OPTIONS(NSUInteger, UIViewAnimationOptions) {
    UIViewAnimationOptionLayoutSubviews           = 1 <<  0,
    UIViewAnimationOptionAllowUserInteraction     = 1 <<  1,
    UIViewAnimationOptionBeginFromCurrentState    = 1 <<  2,

    //...

    UIViewAnimationOptionTransitionFlipFromBottom  = 7 << 20,
}
```

通过一个 typedef 的定义，我们可以使用 NS_OPTIONS 来把 UIViewAnimationOptions 映射为每一位都不同的一组 NSUInteger。不仅是这个动画的选项如此，其他的 Option 值也都遵循着相同的规范映射到整数上。如果我们不需要特殊的什么选项的话，可以使用 kNilOptions 作为输入，它被定义为数字 0。

```
enum {
  kNilOptions = 0
};
```

在 Swift 中，对于原来的枚举类型 NS_ENUM 我们有新的 enum 类型来对应。但是原来的 NS_OPTIONS 在 Swift 里显然没有枚举类型那样重要，也就没有直接的对应关系了。原来的 Option 值现在被映射为满足 RawOptionSetType 接口的 struct 类型，以及一组静态的 get 属性：

```
struct UIViewAnimationOptions : RawOptionSetType {
    init(_ value: UInt)
    static var LayoutSubviews: UIViewAnimationOptions { get }
    static var AllowUserInteraction: UIViewAnimationOptions { get }

    //...

    static var TransitionFlipFromBottom: UIViewAnimationOptions { get }
}
```

这样一来，我们就可以用和原来类似的方式为方法指定选项了。用 Swift 重写上面的 UIView 动画的代码的话，我们可以使用这个新的 struct 的值，由于 RawOptionSetType 要求实现 BitwiseOperationsType，因此按位运算的操作符依然是可以使用的：

```
UIView.animateWithDuration(0.3,
    delay: 0.0,
    options: UIViewAnimationOptions.CurveEaseIn |
             UIViewAnimationOptions.AllowUserInteraction,
    animations: {},
    completion: nil)
```

另外，对于不需要选项输入的情况，对应原来的 kNilOptions，现在我们直接使用 nil 来表示。

要实现一个 Options 的 struct 的话，可以参照已有的写法建立类并实现 RawOptionSetType。因为基本上所有的 Options 都是很相似的，所以最好是准备一个 snippet 以快速重用。其实我们有更方便的选择，这篇文章[1]里有一个在线的 Swift Options 生成器，可以通过类型和选项的名字自动生成相应的代码，非常方便。

[1] *http://natecook.com/blog/2014/07/swift-options-bitmask-generator/*

Tip 67 性能考虑

在 WWDC 14 的 Keynote 上，Swift 相对于其他语言的速度优势被特别进行了强调。但是这种速度优势是有条件的，虽然由于编译器的进步我们可以在不了解语言特性的时候随便写也能得到性能上的改善，但是如果能够稍微理解背后的机制的话，我们就能投“编译器所好”，写出更高效的代码。

相对于 Objective-C，Swift 最大的改变就在于方法调用上的优化。在 Objective-C 中，所有的对于 `NSObject` 的方法调用在编译时都会被转为 `objc_msgSend` 方法。这个方法运用 Objective-C 的运行时的特性，使用派发的方式在运行时对方法进行查找。因为 Objective-C 的类型并不是编译时确定的，我们在代码中所写的类型不过是向编译器的一种“建议”，对于任何方法，这种查找的代价基本都是相同的。

这个过程的等效表述可能类似这样（注意这只是一种表述，与实际的代码和工作方式无关）：

```
methodToCall = findMethodInClass(class, selector);
// 这个查找一般需要遍历类的方法表，需要花费一定时间

methodToCall(); // 调用
```

Objective-C 运行时十分高效，相对于 I/O 这样的操作来说，单次的方法派发和查找并不会花费太多的时间，但实事求是地说，这确实也是 Objective-C 性能上可以改善的地方，这种改善在短时间内有大量方法调用时会比较明显。

Swift 因为使用了更安全和更严格的类型，如果我们在编写的代码中指明了某个实际的类型的话（注意，需要的是实际具体的类型，而不是像 `Any` 这样的抽象的接口），我们就可以向编译器保证在运行时该对象一定属于被声明的类型。这对编译器进行代码优化来说是非常有帮助的，因为有了更多更明确的类型信息，编译器就可以在类型中处理多态时建立虚函数表（vtable），这是一个带有索引的保存了方法所在位置的数组。在方法调用时，与原来动态派发和查找方法不同，现在只需要通过索引就可以直接拿到方法并进行调用了，这是实实在在的性能提升。这个过程大概相当于：

```
methodToCall = class.vtable[methodIndex]
// 直接使用 methodIndex 获取实现

methodToCall();  // 调用
```

更进一步，在确定的情况下，编译器对 Swift 的优化甚至可以做到将某些方法调用优化为 inline 的形式。比如在某个方法被 `final` 标记时，由于不存在被重写的可能，vtable 中该方法的实现就完全固定了。对于这样的方法，编译器在合适的情况下可以在生成代码的阶段就将方法内容提取到调用的地方，从而完全避免调用。

通过 Benchmark 我们可以看出，在一些基本的算法上，Swift 的速度是要远胜过 Objective-C[1] 的，而就算相较于世界上无可匹敌的 C，也没有逊色太多[2]。

所以在性能方面，我们应该注意的地方就很明显了。如果遇到性能敏感和关键的代码部分，我们最好避免使用 Objective-C 和 `NSObject` 的子类。在以前我们可能会选择使用混编一些 C 或者 C++ 代码来处理这些关键部分，而现在我们多了 Swift 这个选项。相比起 C 或者 C++，Swift 的语言特性要先进得多，而使用 Swift 类型和标准库进行编码和构建的难度，比起使用 C 或 C++ 来要简单太多。另外，即使不是性能关键部分，我们也应该尽量考虑在没有必要时减少使用 `NSObject` 和它的子类。如果没有动态特性的需求的话，保持在 Swift 基本类型中会让我们得到更多的性能提升。

[1] *http://www.jessesquires.com/apples-to-apples-part-two/*
[2] *http://www.jessesquires.com/apples-to-apples-part-three/*

Tip 68　数组 enumerate

使用 NSArray 时一个很常见的需求是在枚举数组内元素的同时也想使用对应的下标索引，在 Objective-C 中最方便的方式是使用 NSArray 的 enumerateObjectsUsingBlock: 方法。因为通过这个方法可以显式地同时得到元素和下标索引，这会有最好的可读性，并且 block 也意味着可以方便地在不同的类之间传递和复用这些代码。

比如我们想要对某个数组内的前三个数字进行累加（这只是为这一节内容生造出来的例子，实际情况下我们就算有这样的需求也不太会这么处理）：

```
NSArray *arr = @[@1, @2, @3, @4, @5];
__block NSInteger result = 0;
[arr enumerateObjectsUsingBlock:^(NSNumber *num, NSUInteger idx, BOOL *stop) {
    result += [num integerValue];
    if (idx == 2) {
        *stop = YES;
    }
}];

NSLog(@"%ld", result);
// 输出：6
```

这里我们需要用到 *stop 这个停止标记的指针，并且直接设置它对应的值为 YES 来打断并跳出循环。而在 Swift 中，这个 API 的 *stop 被转换为了对应的 UnsafeMutablePointer<ObjCBool>。如果不明白 Swift 的指针的表示形式的话，一开始可能会被吓一跳，但是一旦当我们明白 Unsafe 开头的这些指针类型的用法（见 “UnsafePointer” 一节）之后，就会知道我们需要相应做的事情就是将这个指向 ObjCBool 的指针指向的内存的内容设置为 true 而已：

```
let arr: NSArray = [1,2,3,4,5]
var result = 0
arr.enumerateObjectsUsingBlock { (num, idx, stop) -> Void in
```

```
    result += num as Int
    if idx == 2 {
        stop.memory = true
    }
}
println(result)
// 输出：6
```

虽然说使用 enumerateObjectsUsingBlock: 非常方便，但是其实从性能上来说这个方法并不理想（这里有一篇四年前的星期五问答阐述了这个问题，而且一直以来情况都没什么变化：https://www.mikeash.com/pyblog/friday-qa-2010-04-09-comparison-of-objective-c-enumeration-techniques.html ）。另外这个方法要求作用在 NSArray 上，这显然已经不符合 Swift 的编码方式了。在 Swift 中，我们在遇到这样的需求的时候，有一个效率、安全性和可读性都很好的替代，那就是快速枚举某个数组的 EnumerateGenerator，它的元素是同时包含了元素下标索引及元素本身的多元组：

```
var result = 0
for (idx, num) in enumerate([1,2,3,4,5]) {
    result += num
    if idx == 2 {
        break
    }
}
println(result)
```

有了这些，我们基本上可以和 enumerateObjectsUsingBlock: 说再见了。

Tip 69 类型编码 @encode

Objective-C 中有一些很冷僻但是在特定情况下会很有用的关键字，比如说通过类型获取对应编码的 @encode 就是其中之一。

在 Objective-C 中 @encode 使用起来很简单，通过传入一个类型，我们就可以获取代表这个类型的编码 C 字符串：

```
char *typeChar1 = @encode(int32_t);
char *typeChar2 = @encode(NSArray);
// typeChar1 = "i", typeChar2 = "{NSArray=#}"
```

我们可以对任意的类型进行这样的操作。这个关键字最常用的地方是在 Objective-C 运行时的消息发送机制中，在传递参数时，由于类型信息的缺失，需要类型编码进行辅助以保证类型信息也能够被传递。在实际的应用开发中，其实使用案例比较少：某些 API 中 Apple 建议使用 NSValue 的 valueWithBytes:objCType: 来获取值（比如 CIAffineClamp 的文档[1]），这时的 objCType 就需要类型的编码值；另外就是在类型信息丢失时我们可能需要用到这个特性，我们稍后会举一个这方面的例子。

Swift 使用了自己的 Metatype 来处理类型，并且在运行时保留了这些类型的信息，所以 Swift 并没有必要保留这个关键字。我们现在不能获取任意类型的类型编码了，但是在 Cocoa 中我们还是可以通过 NSValue 的 objcType 属性来获取对应值的类型指针：

```
class NSValue : NSObject, NSCopying, NSSecureCoding, NSCoding {
    //...
    var objCType: UnsafePointer<Int8> { get }

    //...
}
```

比如我们如果想要获取某个 Swift 类型的“等效的”类型编码的话，我们需要先将它转换为 NSNumber（NSNumber 是 NSValue 的子类），然后获取类型：

[1] *https://developer.apple.com/library/mac/documentation/graphicsimaging/reference/CoreImageFilterReference/Reference/reference.html#//apple_ref/doc/filter/ci/CIAffineClamp*

```
let int: Int = 0
let float: Float = 0.0
let double: Double = 0.0

let intNumber: NSNumber = int
let floatNumber: NSNumber = float
let doubleNumber: NSNumber = double

String.fromCString(intNumber.objCType)
String.fromCString(floatNumber.objCType)
String.fromCString(doubleNumber.objCType)

// 结果分别为：
// {Some "q"}
// {Some "f"}
// {Some "d"}
// 注意，fromCString 返回的是 `String?`
```

对于像其他一些可以转换为 NSValue 的类型，我们也可以通过同样的方式获取类型编码，一般来说这些类型会是某些 struct，因为 NSValue 设计的初衷就是被作为那些不能直接放入 NSArray 的值的容器来使用的：

```
let p = NSValue(CGPoint: CGPointMake(3, 3))
String.fromCString(p.objCType)
// {Some "{CGPoint=dd}"}

let t = NSValue(CGAffineTransform: CGAffineTransformIdentity)
String.fromCString(t.objCType)
// {Some "{CGAffineTransform=dddddd}"}
```

有了这些信息之后，我们就能够在这种类型信息可能损失的时候构建起准确的类型转换和还原机制了。

举例来说，我们如果想要在 NSUserDefaults 中存储一些不同类型的数字，然后读取时需要准确地还原为之前的类型的话，最容易想到的应该是使用类簇（见“类簇”一节）来获取这些数字转为 NSNumber 后真正的类型，然后存储。但是 NSNumber 的类簇子类都是私有的，我们如果想要由此判定的话，就不得不使用私有 API，这是不可接受的。变通的方法就是在存储时使用 objCType 获取类型，然后将数字本身和类型的字符串一起存储。在读取时就可以通过匹配类型字符串和类型的编码，确定数字本来所属的类型，从而直接得到像 Int 或者 Double 这样的类型明确的量。

Tip 70　C 代码调用和 @asmname

如果我们导入了 Darwin 的 C 库的话，我们就可以在 Swift 中无缝地使用 Darwin 中定义的 C 函数了。它们涵盖了绝大多数 C 标准库[1]中的内容，可以说为程序设计提供了丰富的工具和基础。导入 Darwin 十分简单，只需要加上 import Darwin 即可。但事实上，Foundation 框架中包含了 Darwin 的导入，而我们在开发 app 时肯定会使用 UIKit 或者 Cocoa 这样的框架，它们又导入了 Foundation，因此我们在平时开发时不需要特别做什么，就可以使用这些标准的 C 函数了。很让人开心的一件事情是 Swift 在导入时也为我们将 Darwin 进行了类型的自动转换对应，比如对于三角函数的计算输入和返回都是 Swift 的 Double 类型，而非 C 的类型：

```
func sin(x: Double) -> Double
```

使用起来也很简单，因为这些函数都是定义在全局的，所以直接调用就可以了：

```
sin(M_PI_2)
// 输出：1.0
```

而对于第三方的 C 代码，Swift 也提供了协同使用的方法。我们知道，Swift 中调用 Objective-C 代码非常简单，只需要将合适的头文件暴露在 {product-module-name}-Bridging-Header.h 文件中就行了。而如果我们想要调用非标准库的 C 代码的话，可以遵循同样的方式，将 C 代码的头文件在桥接的头文件中进行导入：

```
//test.h
int test(int a);

//test.c
int test(int a) {
    return a + 1;
}
```

[1] *http://en.wikipedia.org/wiki/C_standard_library*

```
//Module-Bridging-Header.h
#import "test.h"

//File.swift
func testSwift(input: Int32) {
    let result = test(input)
    println(result)
}

testSwift(1)
// 输出: 2
```

另外，我们甚至还有一种不需要借助头文件和 Bridging-Header 来导入 C 函数的方法，那就是使用 Swift 中的一个隐藏的符号 @asmname。@asmname 可以通过方法名字将某个 C 函数直接映射为 Swift 中的函数。比如上面的例子，我们可以将 test.h 和 Module-Bridging-Header.h 都删掉，然后将 Swift 文件改为下面这样，也是可以正常使用的：

```
//File.swift
//将 C 的 test 方法映射为 Swift 的 c_test 方法
@asmname("test") func c_test(a: Int32) -> Int32

func testSwift(input: Int32) {
    let result = c_test(input)
    println(result)
}

testSwift(1)
// 输出: 2
```

这种导入在第三方 C 方法与系统库重名导致调用发生命名冲突时，可以用来为其中之一的函数重新命名以解决问题。当然我们也可以利用 Module 名字 + 方法名字的方式来解决这个问题。

除了作为非头文件方式的导入之外，@asmname 还承担着和 @objc（见“@objc 和 dynamic”一节）的“重命名 Swift 中类和方法名字”类似的任务，这可以将 C 中不认可的 Swift 程序元素字符重命名为 ASCII 码，以便在 C 中使用。

Tip 71　sizeof 和 sizeofValue

喜欢写 C 的读者可能会经常和 sizeof 打交道，不论是分配内存、I/O 操作，还是在计算数组大小的时候基本都会用到。这个在 C 中定义的运算符可以作用于类型或者某个实际的变量，并返回其在内存中的尺寸 size_t（这是和平台无关的一个整数类型）。在 Cocoa 中，我们也有一部分 API 需要涉及类型或者实例的内存尺寸，这时候就可以使用 sizeof 来计算。一个常见的例子是在一个数组生成 NSData 的时候需要传入数据长度。因为在 Objective-C 中 sizeof 这个 C 运算符被保留了，因此我们可以直接这么做：

```
char bytes[] = {1, 2, 3};
NSData *data = [NSData dataWithBytes:&bytes length:sizeof(bytes)];
// <010203>
```

C 中的 sizeof 有两个版本，既可以接受类型，也可以接受某个具体的值：

```
sizeof(int)
sizeof(a)
```

与传统的 C 或者 Objective-C 里的运算符的存在形式不同，在 Swift 中，为了保证类型安全，sizeof 经过了一层包装。在 Swift 中 sizeof 不再是运算符，而是一个只能接受类型的方法。我们还可以找到一个接受具体值，并返回其尺寸的方法：sizeofValue。另外，这样的方法返回的都是看起来比较友好和直接的 Int，而不再是 size_t：

```
func sizeof<T>(_: T.Type) -> Int

func sizeofValue<T>(_: T) -> Int
```

虽然 sizeofValue 接受的是具体值，但是它和 C 时代接受具体值的版本的 sizeof 行为并不相同。Swift 的 sizeofValue 所返回的是**这个值**实际的大小，而并非其内容的大小。具体来说，如果我们在 Swift 中想表示上面的 bytes 的话，我们会将其类型写为 [CChar]。在 C 或者 Objective-C 中，对 bytes 做 sizeof 返回的是整个数组内容在内存中占据的尺寸，每个 char 为 1，而数组元素为 3，因此这个值为 3。而在 Swift 中，我们如果直接对 bytes 做 sizeofValue 操作的话，将返回 8，这其实是在 64 位系统上一个引用的长度：

```
// C
char bytes[] = {1, 2, 3};
sizeof(bytes);
// 3

// Swift
var bytes: [CChar] = [1,2,3]
sizeofValue(bytes)
// 8
```

所以，我们不能简单地用 sizeofValue 来获取长度，而需要进行一些计算。上面生成 NSData 的方法在 Swift 中书写的话，等效的代码应该是下面这样的：

```
var bytes: [CChar] = [1,2,3]
let data = NSData(bytes: &bytes, length:sizeof(CChar) * bytes.count)
```

练习

作为练习，尝试指出下面的代码的结果分别是什么，并给予解释：

```
enum MyEnum: UInt16 {
    case A = 0
    case B = 1
    case C = 65536
}

sizeof(UInt16)
sizeof(MyEnum)
sizeofValue(MyEnum.A)
sizeofValue(MyEnum.A.rawValue)
```

Tip 72　delegate

Cocoa 开发中接口-委托（protocol-delegate）模式是一种常用的设计模式，它贯穿于整个 Cocoa 框架中，为代码之间的关系清理和解耦合做出了不可磨灭的贡献。

在 ARC 中，对于一般的 delegate，我们会在声明中将其指定为 weak，在这个 delegate 实际的对象被释放的时候，会被重置回 nil。这可以保证即使 delegate 已经不存在，我们也不会由于访问到已被回收的内存而导致崩溃。ARC 的这个特性杜绝了 Cocoa 开发中一种非常常见的崩溃错误，说是救万千程序员于水火之中也毫不为过。

在 Swift 中我们当然也会希望这么做。但是当我们尝试书写这样的代码的时候，编译器不会让我们通过：

```
protocol MyClassDelegate {
    func method()
}

class MyClass {
    weak var delegate: MyClassDelegate?
}

class ViewController: UIViewController, MyClassDelegate {
    // ...
    var someInstance: MyClass!

    override func viewDidLoad() {
        super.viewDidLoad()

        someInstance = MyClass()
        someInstance.delegate = self
    }
```

```
    func method() {
        println("Do something")
    }

    //...
}

// weak var delegate: MyClassDelegate? 编译错误
// 'weak' cannot be applied to non-class type 'MyClassDelegate'
```

这是因为 Swift 的 protocol 是可以被除了 class 以外的其他类型遵守的，而对于像 struct 或 enum 这样的类型，本身就不通过引用计数来管理内存，所以也不可能用 weak 这样的 ARC 的概念来进行修饰。

要想在 Swift 中使用 weak delegate，我们就需要将 protocol 限制在 class 内。一种做法是将 protocol 声明为 Objective-C 的，这可以通过在 protocol 前面加上 @objc 关键字来达到，Objective-C 的 protocol 都只有类能实现，因此使用 weak 来修饰就合理了：

```
@objc protocol MyClassDelegate {
    func method()
}
```

另一种可能更好的办法是在 protocol 声明的名字后面加上 class，这可以为编译器显式地指明这个 protocol 只能由 class 来实现。

```
protocol MyClassDelegate: class {
    func method()
}
```

相比起添加 @objc，后一种方法更能表现出问题的实质，同时也避免了过多的不必要的 Objective-C 兼容，可以说是一种更好的解决方式。

Tip 73 Associated Object

不知道是从什么时候开始，“是否能通过 Category 给已有的类添加成员变量”就成为了一道 Objective-C 面试中的常见题目。不幸的消息是这个面试题目在 Swift 中可能依旧会存在。

得益于 Objective-C 的运行时（runtime）和键值编程（Key-Value Coding）的特性，我们可以在运行时向一个对象添加值存储。而在使用 Category 扩展现有的类的功能的时候，直接添加实例变量这种行为是不被允许的，这时候一般就使用 property 配合 Associated Object 的方式，将一个对象“关联”到已有的要扩展的对象上。进行关联后，在对这个目标对象访问的时候，从外界看来，就似乎是直接通过属性访问对象的实例变量一样，可以说非常方便。

在 Swift 中这样的方法依旧有效，只不过在写法上可能有些不同。两个对应的运行时的 get 和 set Associated Object 的 API 是这样的：

```
func objc_getAssociatedObject(object: AnyObject!,
                                 key: UnsafePointer<Void>
                              )  -> AnyObject!

func objc_setAssociatedObject(object: AnyObject!,
                                 key: UnsafePointer<Void>,
                               value: AnyObject!,
                              policy: objc_AssociationPolicy)
```

这两个 API 所接受的参数也都 Swift 化了，并且因为 Swift 的安全性，在类型检查上严格了不少，因此我们有必要也进行一些调整。在 Swift 中向某个 extension 使用 Associated Object 的方式将对象进行关联的写法是：

```
// MyClass.swift
class MyClass {
}

// MyClassExtension.swift
private var key: Void?
```

```
extension MyClass {
    var title: String? {
        get {
            return objc_getAssociatedObject(self, &key) as? String
        }

        set {
            objc_setAssociatedObject(self,
                &key, newValue,
                UInt(OBJC_ASSOCIATION_RETAIN_NONATOMIC))
        }
    }
}


// 测试
func printTitle(input: MyClass) {
    if let title = input.title {
        println("Title: \(title)")
    } else {
        println("没有设置")
    }
}

let a = MyClass()
printTitle(a)
a.title = "Swifter.tips"
printTitle(a)

// 输出：
// 没有设置
// Title: Swifter.tips
```

key 的类型在这里声明为了 Void?，通过 & 操作符取地址并作为 UnsafePointer<Void> 类型被传入。这在 Swift 与 C 协作和指针操作时是一种很常见的用法。关于 C 的指针操作和这些 unsafe 开头的类型的用法，可以参看 “UnsafePointer” 一节的内容。

Tip 74 Lock

无并发，不编码。而只要一说到多线程或者并发的代码，我们可能就很难绕开对于锁的讨论。简单来说，为了在不同线程中安全地访问同一个资源，我们需要这些访问按顺序进行。Cocoa 和 Objective-C 中加锁的方式有很多，但是在日常开发中最常用的应该是 `@synchronized`，这个关键字可以用来修饰一个变量，并为其自动加上和解除互斥锁[1]。这样，可以保证变量在作用范围内不会被其他线程改变。举个例子，如果我们有一个方法接受参数，需要这个方法是线程安全的话，就需要在参数上加锁：

```
- (void)myMethod:(id)anObj {
    @synchronized(anObj) {
        // 在括号内 anObj 不会被其他线程改变
    }
}
```

如果没有锁的话，一旦 `anObj` 的内容被其他线程修改，这个方法的行为很可能就无法预测了。

但是加锁和解锁都是要损耗一定性能的，因此我们不太可能为所有的方法都加上锁。另外其实在一个 app 中可能会涉及多线程的部分是有限的，我们也没有必要为所有东西加上锁。过多的锁不仅没有意义，而且对于多线程编程来说，可能会产生很多像死锁这样的陷阱，也难以调试。因此在使用多线程时，我们应该尽量将保持简单作为第一要务。

扯远了，我们回到 `@synchronized` 上来。虽然这个方法很简单好用，但是很不幸的是在 Swift 中它已经（或者暂时）不存在了。其实 `@synchronized` 在幕后做的事情是调用了 `objc_sync` 中的 `objc_sync_enter` 和 `objc_sync_exit` 方法，并且加入了一些异常判断。因此，在 Swift 中，如果我们忽略掉那些异常的话，我们想要 lock 一个变量的话，可以这样写：

```
func myMethod(anObj: AnyObject!) {
    objc_sync_enter(anObj)
```

[1] *http://en.wikipedia.org/wiki/Mutual_exclusion*

```
    // 在 enter 和 exit 之间 anObj 不会被其他线程改变

    objc_sync_exit(anObj)
}
```

更进一步，如果我们喜欢以前的那种形式，甚至可以写一个全局的方法，并接受一个闭包，来将 objc_sync_enter 和 objc_sync_exit 封装起来：

```
func synchronized(lock: AnyObject, closure: () -> ()) {
    objc_sync_enter(lock)
    closure()
    objc_sync_exit(lock)
}
```

再结合 Swift 的尾随闭包的语言特性，这样，使用起来就和 Objective-C 中很像了：

```
func myMethod(anObj: AnyObject!) {
    synchronized(anObj) {
        // 在括号内 anObj 不会被其他线程改变
    }
}
```

Tip 75 Toll-Free Bridging 和 Unmanaged

有经验的读者看到这章的标题就能知道我们要谈论的是 Core Foundation。Swift 对于 Core Foundation（以及其他一系列 Core 开头的框架）在内存管理上进行了一系列简化，大大降低了与这些 Core Foundation（以下简称 CF）API 打交道的复杂程度。

首先值得一提的是对于 Cocoa 中 Toll-Free Bridging 的处理。Cocoa 框架中的大部分 NS 开头的类其实在 CF 中都有对应的类型存在，可以说 NS 只是对 CF 在更高层面的一个封装。比如 NSURL 和它在 CF 中的 CFURLRef 内存结构其实是同样的，而 NSString 则对应着 CFStringRef。

因为在 Objective-C 中 ARC 负责的只是 NSObject 的自动引用计数，因此对于 CF 对象无法进行内存管理。当对象在 NS 和 CF 之间进行转换时，我们需要向编译器说明是否需要转移内存的管理权。对于不涉及内存管理转换的情况，在 Objective-C 中我们就直接在转换的时候加上 __bridge 来进行说明，表示内存管理权不变。假如有一个 API 需要 CFURLRef，而我们有一个 ARC 管理的 NSURL 对象的话，可以这样来完成类型转换：

```
NSURL *fileURL = [NSURL URLWithString:@"SomeURL"];
SystemSoundID theSoundID;
OSStatus error =
    AudioServicesCreateSystemSoundID(
        (__bridge CFURLRef)fileURL,
        &theSoundID);
```

而在 Swift 中，这样的转换可以直接省掉了，上面的代码可以写为下面的形式，简单了许多：

```
let fileURL = NSURL(string: "SomeURL")
var theSoundID: SystemSoundID = 0
AudioServicesCreateSystemSoundID(fileURL, &theSoundID)
```

细心的读者可能会发现在 Objective-C 中类型的名字是 CFURLRef，而到了 Swift 里成了 CFURL。CFURLRef 在 Swift 中是被 typealias 到 CFURL 上的，其实不仅是 URL，其他的各类 CF 类型都进行了类似的处理。这主要是为了减少 API 的迷惑：现在这些 CF 类型的行为更接近于 ARC 管理下的对象，因此去掉 Ref 更能表现出这一特性。

另外在 Objective-C 时代 ARC 不能处理的一个问题是 CF 类型的创建和释放。虽然不能自动化，但是遵循命名规则来处理的话还是比较简单的：对于 CF 系的 API，如果 API 的名字中含有 Create、Copy 或者 Retain 的话，在使用完成后，我们需要调用 CFRelease 来进行释放。

不过 Swift 中这条规则已成明日黄花。既然我们有了明确的规则，那为什么还要一次一次不厌其烦地手动去写 Release 呢？基于这种想法，Swift 中我们不再需要显式地去释放带有这些关键字的内容了（事实上，含有 CFRelease 的代码甚至无法通过编译）。也就是说，CF 现在也在 ARC 的管辖范围之内了。其实背后的机理一点都不复杂，只不过在合适的地方加上了像 CF_RETURNS_RETAINED 和 CF_RETURNS_NOT_RETAINED 这样的标注。

但是有一点例外，那就是对于非系统的 CF API（比如你自己写的或者第三方的），因为并没有强制机制要求它们一定遵照 Cocoa 的命名规范，所以贸然进行自动内存管理是不可行的。如果你没有明确地使用上面的标注来指明内存管理的方式的话，将这些返回 CF 对象的 API 导入 Swift 时，它们的类型会被对应为 Unmanaged<T>。

这意味着在使用时我们需要手动进行内存管理，一般来说会使用得到的 Unmanaged 对象的 takeUnretainedValue 或者 takeRetainedValue 从中取出需要的 CF 对象，并同时处理引用计数。takeUnretainedValue 将保持原来的引用计数不变，在你明白你没有义务去释放原来的内存时，应该使用这个方法。而如果你需要释放得到的 CF 的对象的内存时，应该使用 takeRetainedValue 来让引用计数加一，然后在使用完后对原来的 Unmanaged 进行手动释放。为了能手动操作 Unmanaged 的引用计数，Unmanaged 中还提供了 retain、release 和 autorelease 这样的“老朋友”供我们使用。一般来说使用起来是这样的（当然这些 API 都是我虚构的）：

```
// CFGetSomething() -> Unmanaged<Something>
// CFCreateSomething() -> Unmanaged<Something>
// 两者都没有进行标注，Create 中进行了创建

let unmanaged = CFGetSomething()
let something = unmanaged.takeUnretainedValue()
// something 的类型是 Something，直接使用就可以了

let unmanaged = CFCreateSomething()
let something = unmanaged.takeRetainedValue()

// 使用 something

//  因为在取值时 retain 了，使用完成后进行 release
unmanaged.release()
```

切记，这些只有在没有标注的极少数情况下才会用到，如果你只是调用系统的 CF API，而不去写自己的 CF API 的话，是没有必要关心这些的。

Swift 与开发环境及一些实践

Tip 76　Swift 命令行工具

Swift 的 REPL（Read-Eval-Print Loop）环境可以让我们使用 Swift 进行简单的交互式编程，也就是说每输入一句语句就立即执行和输出。这在很多解释型的语言中是很常见的，非常适合用来对语言的特性进行学习。

要启动 REPL 环境，就要使用 Swift 的命令行工具，它是以 `xcrun` 命令的参数形式存在的。首先我们需要确认使用的 Xcode 版本是否是 6.1 或者以上，如果不是的话，可以在 Xcode 设置里 Locations 中的 Command Line Tools 一项中进行选择。然后我们就可以在命令行中输入 `xcrun swift` 来启动 REPL 环境了。

需要指出的是，REPL 环境只是**表现得**像是即时的解释执行，但其实质还是每次输入代码后进行编译再运行。这就决定了我们不太可能在 REPL 环境中做很复杂的事情。

另一个用法是直接将一个 `.swift` 文件作为命令行工具的输入，这样里面的代码也会被自动地编译和执行。我们甚至还可以在 `.swift` 文件最上面加上命令行工具的路径，然后将文件权限改为"可执行"，之后就可以直接执行这个 `.swift` 文件了：

```
// hello.swift
#!/usr/bin/env xcrun swift
println("hello")

// Terminal
> chmod 755 hello.swift
> ./hello.swift

// 输出：
hello
```

这些特性与其他的解释性语言表现得完全一样。

相对于直接用 `swift` 命令执行，Swift 命令行工具的另一个常用的地方是直接脱离 Xcode 环境进行编译和生成可执行的二进制文件。我们可以使用 `swiftc` 来进行编译，比如下面的例子：

```
// MyClass.swift
class MyClass {
    let name = "XiaoMing"
    func hello() {
        println("Hello \(name)")
    }
}

// main.swift
let object = MyClass()
object.hello()
```

```
> xcrun swiftc MyClass.swift main.swift
```

它将生成一个名叫 main 的可执行文件，运行后得到：

```
> ./main
// 输出：
// Hello XiaoMing
```

利用这个方法，我们就可以用 Swift 写一些命令行程序了。

最后想说的一个 Swift 命令行工具使用案例是生成汇编级别的代码。有时候我们想要确认经过优化后的汇编代码实际上做了些什么，swiftc 提供了参数来生成 asm 级别的汇编代码：

```
swiftc -O hello.swift > hello.asm
```

Swift 的命令行工具还有不少强大的功能，对此感兴趣的读者不妨使用 xcrun swift --help 及 xcrun swiftc --help 来查看具体还有哪些参数可以使用。

> 在最新版本的 Xcode 中，安装命令行工具时会在 /usr/bin 路径下安装 swift 和 swiftc 两个命令行工具，因此新版本中我们就不再需要使用 xcrun 的方式来启动命令行模式的 Swift 了，直接使用 swift 和 swiftc 两个命令会更加方便。

Tip 77 随机数生成

随机数的生成一直是程序员面临的一个大问题，在高中电脑课堂上我们就知道，由 CPU 时钟、进程和线程所构建出的世界中，是没有真正的随机的。在给定一个随机种子后，使用某些神奇的算法我们可以得到一组伪随机的序列。

arc4random 是一个非常优秀的随机数算法，并且在 Swift 中也可以使用。它会返回给我们一个任意整数，我们想要某个范围里的数的话，做模运算（%）取余数就行了。但是这里有个陷阱：

☹ **这是错误代码**

```
let diceFaceCount = 6
let randomRoll = Int(arc4random()) % diceFaceCount + 1
println(randomRoll)
```

其实在 iPhone 5s 上完全没有问题，但是在 iPhone 5 或者以下的设备中，**有时候**程序会崩溃，请注意这个“有时候”。

最让程序员郁闷的事情莫过于程序有时候会崩溃而有时候又能良好运行。还好这里的情况比较简单，聪明的我们马上就能指出原因。其实 Swift 的 Int 是和 CPU 架构有关的：在 32 位的 CPU （也就是 iPhone 5 和以前的机型）上，它实际上是 Int32，而在 64 位的 CPU (iPhone 5s 及以后的机型）上是 Int64。arc4random 所返回的值不论在什么平台上都是一个 UInt32，于是在 32 位的平台上就有一半的概率在进行 Int 转换时越界，时不时出现的崩溃也就不足为奇了。

这种情况下，一种相对安全的做法是使用一个 arc4random 的改良版本：

```
func arc4random_uniform(_: UInt32) -> UInt32
```

这个改良版本接受一个 UInt32 的数字 n 作为输入，将结果归一化到 0 至 n - 1 之间。只要我们的输入不超过 Int 的范围，就可以避免危险的转换：

```
let diceFaceCount: UInt32 = 6
let randomRoll = Int(arc4random_uniform(diceFaceCount)) + 1
println(randomRoll)
```

最佳实践当然是为 Range 创建一个生成随机数的方法的随机数的方法，这样我们就能在之后很容易地复用，甚至设计类似 Randomable 这样的接口了：

```
func randomInRange(range: Range<Int>) -> Int {
    let count = UInt32(range.endIndex - range.startIndex)
    return  Int(arc4random_uniform(count)) + range.startIndex
}

for _ in 0...100 {
    println(randomInRange(1...6))
}
```

Tip 78 Printable 和 DebugPrintable

> 在 Playground 和 Swift REPL 中实现这两个接口并不会对原来很输出产生影响。因此如果你需要验证本节的代码的话，请在实际的工程项目中进行。

在定义和实现一个类型的时候，Swift 中的一种非常常见，也是非常先进的做法是先定义最简单的类型结构，然后再通过扩展（extension）的方式来实现为数众多的接口和各种各样的功能。这种按照特性进行分离的设计理念对于功能的可扩展性的提升很有帮助。虽然在 Objective-C 中我们也可以通过类似的 protocol + category 的形式完成类似的事情，但 Swift 相比于原来的方式更加简单快捷。

`Printable` 和 `DebugPrintable` 这两个接口就是很好的例子。对于一个普通的对象，我们在调用 `println` 对其进行打印时只能打印出它的类型。如果想进一步打印出有效的信息的话，我们可以为这个类型创建扩展，并让其遵守 `Printable` 接口。比如我们有一个日历应用存储了一些会议预约，model 类型包括会议的地点、位置和参与者的名字：

```
struct Meeting {
    var date: NSDate
    var place: String
    var attendeeName: String
}

let meeting = Meeting(date: NSDate(timeIntervalSinceNow: 86400),
                     place: "会议室B1",
              attendeeName: "小明")
println(meeting)
// 输出:
// YourModuleName.Meeting
```

这样的输出显然没有什么意义。想要格式化输出，我们当然可以做这样的事情：

```
println("于 \(meeting.date) 在 \(meeting.place) 与 \(meeting.attendeeName) 进行
    会议")
// 输出:
// 于 2014-08-25 11:05:28 +0000 在 会议室B1 与 小明 进行会议
```

但是如果每次输出的时候，我们都去写这么一大串东西的话，显然是不可接受的。正确的做法应该是使用 Printable 接口，在其中定义将该类型实例输出时所用的字符串。相对于直接在 struct 的定义中进行更改，我们更应该倾向于使用 extension，这样不会使原来的核心部分的代码变乱变“脏”：

```
extension Meeting: Printable {
    var description: String {
        return "于 \(self.date) 在 \(self.place) 与 \(self.attendeeName) 进行会
            议"
    }
}
```

这样，当我们再使用 println 时，就不需要去做格式化，而是简单地将实例进行打印就可以了：

```
println(meeting)
// 输出:
// 于 2014-08-25 11:05:28 +0000 在 会议室B1 与 小明 进行会议
```

DebugPrintable 与 Printable 的作用很类似，但它仅会在调试中使用调试器来进行打印输出的时候有效。对于实现了 DebugPrintable 接口的类型，我们可以在给 meeting 赋值后设置断点并在控制台使用类似 po meeting 的命令进行打印，控制台输出将为 DebugPrintable 中定义的 debugDescription 返回的字符串。

> 但是在 Xcode 6.0 中自定义类型的 DebugPrintable 似乎存在 bug，无法正确地在控制台输出。我会持续关注后续版本的 Xcode 中这个问题的表现。

Tip 79 错误处理

在开始这一节的内容之前，我想先阐明两个在很多时候被混淆的概念，那就是异常（exception）和错误（error）。

在 Cocoa 开发中，异常往往是由程序员的错误导致的。比如我们向一个无法响应某个消息的 NSObject 对象发送了这个消息，会得到 NSInvalidArgumentException 的异常，并告诉我们 "unrecognized selector sent to instance"。又如我们使用一个超过数组元素数量的下标来试图访问 NSArray 的元素时，会得到 NSRangeException。类似这样的问题会导致程序无法正常运行，它们应该在开发阶段就被全部解决，而不应当出现在实际的产品中。相对来说，错误更多是指那些"合理的"，在用户使用 app 中可能遇到的情况：比如，登录时用户名和密码验证不匹配，或者试图从某个文件中读取数据生成 NSData 对象时发生了问题（比如文件被意外修改了）等。

很显然，在实际的应用中我们应当避免所有的异常，而错误是在所难免的，出现错误也是非常正常的。有些语言倾向于使用抛出和捕获异常的方式处理那些程序流中正常的分支，而在 Cocoa 中因为异常和错误的界限相当明显，所以我们不会去用抛出和接收异常的方式来处理错误。虽然在 Objective-C 中确实有像 NSException 这样的类，从理论上也能进行异常抛出，但是如果我们想使用 try catch 来捕获异常的话，还需要额外在 Build Setting 中进行设置。更有甚者，在 Swift 中，连 try catch 都被彻底移除了，因此可以说，Swift 彻底和异常说再见了。

我们在这里将重心放在对于错误的处理上。程序代码中的错误处理部分是十分重要的，在很大程度上，它不仅关系到 API 的设计，也有可能直接影响到用户体验和使用的方式。

在 Swift 中，一般来说，我们可以沿袭 Objective-C 中常用的错误处理方式，在 API 调用中产生和传递 NSError，并借此判断调用是否失败。几乎所有的既存的 API 都是以这样的方式来进行错误处理的，因此这也是现在最广泛的使用方式。作为某个可能产生错误的方法的使用者，我们用传入 NSErrorPointer 指针的方式来存储错误信息，然后在调用完毕后去读取内容，并确认是否发生了错误。以最常规的写法举个例子：

```
let path = "some_file_path"
```

```
var removeError: NSError?
let removed = NSFileManager.defaultManager()
                    .removeItemAtPath(path, error: &removeError)

if !removed {
    if let error = removeError {
        println(error.localizedDescription)
    }
}
```

有时候我们不仅要使用带有错误输出的 API，也会需要实现这样的方法供别人调用。因为传入的 NSErrorPointer 其实是一个可变 unsafe 指针的 typealias 类型：

```
typealias NSErrorPointer = AutoreleasingUnsafeMutablePointer
```

因此我们可以直接将错误描述的 NSError 对象直接设置给传入指针的 memory 属性：

```
func doSomethingParam(param:AnyObject, error: NSErrorPointer) {
    //...做某些操作，成功结果放在 ok 中
    let success = //...

    if !success {
        if error != nil {
            error.memory = NSError(domain: "errorDomain",
                                     code: 1,
                                 userInfo: nil)
        }
    }

    // ...
}
```

这样做的好处是最大限度地保留了与 Objective-C 的兼容性，也比较符合现阶段 Cocoa 开发的一般做法。无论在 Swift 中还是 Objective-C 中我们都可以使用这样的 API 来完成错误的传递和处理。

随着 Swift 带来一些新特性，如果我们不考虑在 Objective-C 里的使用的话，在错误处理的写法上其实我们有更好的选择。其中一种我们已经在“多元组”一节提到过，将返回由单一值改为带有一个 NSError 的多元组：

```
func doSomethingParam(param:AnyObject) -> (Bool, NSError?) {
    //...做某些操作，成功结果放在 success 中
    if success {
        return (true, nil)
    } else {
        return (false, NSError(domain:"errorDomain", code:1, userInfo: nil))
    }
}
```

另外还有一类现在比较常用的方式，那就是借助于 enum。作为 Swift 的一个重要特性，枚举（enum）类型现在是可以与其他的实例进行绑定的，我们还可以让方法返回枚举类型，然后在枚举中定义成功和错误的状态，并分别将合适的对象与枚举值进行关联：

```
enum Result {
    case Success(String)
    case Error(NSError)
}

func doSomethingParam(param:AnyObject) -> Result {
    //...做某些操作，成功结果放在 success 中
    if success {
        return Result.Success("成功完成")
    } else {
        let error = NSError(domain: "errorDomain", code: 1, userInfo: nil)
        return Result.Error(error)
    }
}
```

在使用时，利用 switch 中的 let 来从枚举值中将结果取出即可：

```
let result = doSomethingParam(path)

switch result {
    case let .Success(ok):
    let serverResponse = ok
case let .Error(error):
    let serverResponse = error.description
}
```

Tip 80 断言

断言（assertion）在 Cocoa 开发里一般用来检查输入参数是否满足一定条件，并对其进行"论断"。这是一个编码世界中的哲学问题，我们代码的使用者（有可能是别的程序员，也有可能是未来的自己）很难做到在不知道实现细节的情况下去对自己的输入进行限制。大多数时候编译器可以帮助我们进行输入类型的检查，但是如果代码需要在特定的输入条件下才能正确运行的话，这种更细致的条件就难以控制了。在超过边界条件的输入的情况下，我们的代码可能无法正确工作，这就需要我们在代码实现中进行一些额外工作。

一种容易想到的做法是在方法内部使用 `if` 这样的条件控制来检测输入，如果遇到无法继续的情况，就提前返回或者抛出错误。但是这样的做法无疑增加了 API 使用的复杂度，也导致了很多运行时的额外"开销"。对于像判定输入是否满足某种条件之类的运用情景，我们有更好的选择，那就是断言。

Swift 为我们提供了一系列的 `assert` 方法来使用断言，其中最常用的一个是：

```
func assert(@autoclosure condition: () -> Bool,
            _ message: StaticString = default,
               file: StaticString = default,
               line: UWord = default)
```

> 如果你对参数的默认值的 default 感兴趣的话，可以看看"default 参数"一节的内容，该节有简单介绍。

最简单的使用方法是给定使断言通过的条件，以及一个在无法通过时可以用来输出的说明。举一个温度转换的例子，我们想要把摄氏温度转换为开氏温度，因为绝对零度[1]永远不能达到，所以我们不可能接受一个小于 –273.15 摄氏度的温度作为输入：

```
func convertToKelvin(# celsius: Double) -> Double {
    assert(celsius > absoluteZeroInCelsius, "输入的摄氏温度不能低于绝对零度")
    return celsius - absoluteZeroInCelsius
}
```

[1] *http://en.wikipedia.org/wiki/Absolute_zero*

```
let roomTemperature = convertToKelvin(celsius: 27)
// roomTemperature = 300.15

let tooCold = convertToKelvin(celsius: -300)
// 运行时错误:
// assertion failed:
// 输入的摄氏温度不能低于绝对零度 : file {YOUR_FILE_PATH}, line {LINE_NUMBER}
```

在遇到无法处理的输入值时，运行会产生错误，保留堆栈，并抛出我们预设的信息，用来提醒调用这段代码的用户。

断言的另一个优点是它是一个开发时的特性，只有在 Debug 编译的时候有效，而在运行时是不被编译执行的，因此断言并不会降低运行时的性能。这些特点使得断言成为面向程序员的适用于调试开发的调试判断，而在代码发布的时候，我们也不需要刻意去将这些断言手动清理掉，非常方便。

虽然默认只在 Release 的情况下断言才会被禁用，但是有时候我们可能出于某些目的希望断言在调试开发时也暂时停止工作，或者在发布版本中也继续有效。我们可以通过显式地添加编译标记达到这个目的。在对应 target 的 Build Settings 中，我们在 Swift Compiler - Custom Flags 中的 Other Swift Flags 中添加 `-assert-config Debug` 来强制启用断言，或者用 `-assert-config Release` 来强制禁用断言。当然，除非有充足的理由，否则并不建议做这样的改动。如果我们需要在 Release 发布时当无法继续时将程序强行终止的话，应该选择使用 `fatalError`（见 “fatalError” 一节）。

> 原来在 Objective-C 中使用的断言函数 `NSAssert` 在 Swift 中已经被彻底移除，和我们永远地说再见了。

Tip 81 fatalError

细心的读者可能会发现，在我们调试一些纯 Swift 类型出现类似数组越界这样的情况时，我们在控制台得到的报错信息会和传统调试 NSObject 子类时不太一样，比如在使用 NSArray 时：

```
let array: NSArray = [1,2,3]
array[100]
// 输出:
// *** Terminating app due to uncaught exception 'NSRangeException',
// reason: '*** -[__NSArrayI objectAtIndex:]:
// index 100 beyond bounds [0 .. 2]'
```

而如果我们使用 Swift 类型的话：

```
let array = [1,2,3]
array[100]
// 输出:
// fatal error: Array index out of range
```

这是因为，Swift 是没有异常机制的，纯 Swift 类型也不会抛出异常。在调试时我们可以使用断言来排除类似这样的问题，但是断言只会在 Debug 环境中有效，而在 Release 编译中所有的断言都将被禁用。在因为输入错误导致程序无法继续运行的时候，我们一般考虑以产生致命错误（fatalError）的方式来终止程序。

fatalError 的使用非常简单，它的 API 和断言的比较类似：

```
@noreturn func fatalError(message: StaticString,
                          file: StaticString = default,
                          line: UWord = default)
```

关于语法，唯一要需要解释的是 @noreturn，它表示调用这个方法的话可以不再需要返回值，因为整个程序都将终止。这可以帮助编译器进行一些检查，比如在某些需要返回值的

switch 语句中，我们只希望被 switch 的内容在某个范围内，那么我们在可以在不属于这些范围的 default 块里直接写 fatalError 而不再需要指定返回值：

```
enum MyEnum {
    case Value1,Value2,Value3
}


func check(someValue: MyEnum) -> String {
    switch someValue {
    case .Value1:
        return "OK"
    case .Value2:
        return "Maybe OK"
    default:
        // 这个分支没有返回 String，也能编译通过
        fatalError("Should not show!")
    }
}
```

我们在实际编程中，经常会有不想让别人调用某个方法，但又不得不将其暴露出来的时候。一个最常见并且合理的需求就是"抽象类型或者抽象函数[1]"。在很多语言中都有这样的特性：父类定义了某个方法，但是自己并不给出具体实现，而是要求继承它的子类去实现这个方法，而在 Objective-C 和 Swift 中都没有这样的抽象函数语法直接支持，虽然在 Cocoa 中对于这类需求我们有时候会转为依赖接口和委托的设计模式来变通地实现，但是其实 Apple 自己在 Cocoa 中也有很多类似抽象函数的设计。比如 UIActivity[2] 的子类必须要实现一大堆指定的方法，而正因为缺少抽象函数机制，这些方法都必须在文档中写明。

在面对这种情况时，为了确保子类实现这些方法，同时父类中的方法不被错误地调用，我们就可以利用 fatalError 来在父类中强制抛出错误，以保证使用这些代码的开发者留意到他们必须在自己的子类中实现相关方法：

```
class MyClass {
    func methodMustBeImplementedInSubclass() {
        fatalError("这个方法必须在子类中被重写")
    }
}
```

[1] *http://en.wikipedia.org/wiki/Abstract_type*
[2] *https://developer.apple.com/library/ios/documentation/uikit/reference/uiactivity_class/Reference/Reference.html*

```
class YourClass: MyClass {
    override func methodMustBeImplementedInSubclass() {
        println("YourClass 实现了该方法")
    }
}

class TheirClass: MyClass {
    func someOtherMethod() {

    }
}

YourClass().methodMustBeImplementedInSubclass()
// YourClass 实现了该方法

TheirClass().methodMustBeImplementedInSubclass()
// 这个方法必须在子类中被重写
```

不过一个好消息是 Apple 意识到了[3]抽象函数这个特性的缺失，所以很可能在今后的 Swift 版本中我们能看到这个语法特性的加入。

不仅仅是在对于类似抽象函数的使用中可以选择 fatalError，对于其他一切我们不希望别人随意调用，但是又不得不去实现的方法，我们都应该使用 fatalError 来避免任何可能的误会。比如父类标明了某个 init 方法是 required 的，但是你的子类永远不会使用这个方法来初始化时，就可以采用类似的方式，被广泛使用（以及被广泛讨厌的）init(coder: NSCoder) 就是一个例子。在子类中，我们往往会写：

```
required init(coder: NSCoder) {
  fatalError("NSCoding not supported")
}
```

可以用其避免编译错误。

[3] *https://devforums.apple.com/thread/236231?start=0&tstart=0*

Tip 82 代码组织和 Framework

出于对 iOS 平台安全性的考虑，Apple 是不允许动态链接非系统的框架的。因此在 app 开发中我们所使用的第三方框架如果是以库文件的方式提供的话，一定都是需要链接并打包进最后的二进制可执行文件中的静态库。最初级和最原始的静态库是以 `.a` 的二进制文件加上一些 `.h` 的头文件进行定义的形式提供的，这样的静态库在使用时比较麻烦，我们除了将其添加到项目和配置链接外，还需要进行指明头文件位置等工作。这样造成的结果不仅是添加起来比较麻烦，而且头文件的路径在不同环境下可能不一样，导致项目在换一个开发环境后就因配置问题而无法编译。有过这种经历的开发人员都知道，调配开发环境是一件非常让人讨厌而且耗费时间的事情。

而 Apple 自己的框架都是以 `.framework` 为后缀的动态框架，是集成在操作系统中的，我们使用这些框架的时候只需要在 target 配置时进行指明就可以，非常方便。

因为 `framework` 的易用性，很多开发者都很喜欢类似的"即拖即用，无需配置"的体验。一些框架和库的开发者为了使用体验一般会用一些第三方提供的方法[1]来模拟地生成行为类似的框架，比如 Dropbox[2] 或者 Facebook[3] 的 iOS SDK 都是基于这种技术完成的。

> 但是要特别指出，虽然和 Apple 的框架的后缀名一样是 `.framework`，使用方式也类似，但是这些第三方框架都是实实在在的静态库，每个 app 需要在编译的时候进行独立地链接。

在 Xcode 6 中 Apple 官方提供了单独制作类似的 framework 的方法，这种便利性可能会使代码的组织方式发生重大变化。我们现在可以在一个 app 项目中添加新的类型为 Cocoa Touch Framework 的 target，并在同一个项目中通过 import 这个 target 的 module 名字（一般和这个 target 的名字是一样的，除非使用了一些像 "-" 这样在 module 名中非法的字符），来引入并进行使用。这么做有一个明显的好处是，我们可以在不同 target 之间很简单地重用代码，在扩展（extension）开发中这是非常常见的做法——因为我们总会有一些在 app 本身和扩展中

[1] *https://github.com/kstenerud/iOS-Universal-Framework*
[2] *https://www.dropbox.com/developers*
[3] *https://developers.facebook.com/docs/ios*

重复的东西，这时候将它们用框架的形式组织起来会是一个很好的选择。另一方面，就算你没有计划开发扩展，尝试将一部分代码分离到框架中也是有助于我们梳理项目的架构的。比如将所有的模型层组织为一个框架，如果你在这个过程中发现有困难的话，这很可能就是你需要重新考虑和重构项目架构的信号了。

其实不仅可以在同一个项目中抽离部分代码来组织一个框架，我们也可以新建一个专门生成框架的项目，这样我们就可以将自己制作的框架提供给别人使用了。接下来我们会通过一个简单的例子来告诉你应该怎么做，但是在这之前，需要先说明，使用框架项目并单独导出 framework 文件这种做法，是为 Objective-C 准备的。因为 Swift 暂时还没有稳定版本，而 Swift 的运行时也是经常改变，并且没有集成到操作系统中，所以官方并不推荐单独为 Swift 制作框架。我们虽然可以使用纯 Swift 制作可用的第三方库（接下来你会看到该怎么做），但是并不能保证它在所有的运行环境中都能良好工作。关于 Swift 代码的兼容性，可以参考"兼容性"一节。

> 在 Swift 1.0 中，我们使用 Swift 框架的最佳实践是将整个框架项目（包括其中源代码）以项目依赖的方式添加到自己的项目中，并一起进行编译使用。本节所要讲述的是制作单独的编译好的框架文件供别人使用，虽然暂时还不建议将这种方法用在实际项目之中，但是这里着重想展现的是使用 Swift 制作框架文件的可能性。
> 当然你也可以使用 Objective-C 来制作框架，这样就没有这些限制了，因为本来这个特性现在暂时也只是为 Objective-C 准备的。使用 Objective-C 制作框架的过程和 Swift 大同小异，因为这是一本关于 Swift 的书，所以就只使用 Swift 来进行介绍了。

首先通过新建菜单的 Framework & Library 创建一个 Cocoa Touch Framework 项目，命名为 `HelloKit`，然后添加一个 Swift 文件及随便一些什么内容，比如：

```
public class Hello {
    public class func sayHello() {
        println("Hello Kit")
    }
}
```

注意我们在这里添加了 `public` 声明，这是因为我们的目的是在当前 module 之外使用这些代码。将运行目标选择为任一 iOS 模拟器，然后使用 `Shift + Cmd + I` 进行 Profiling 编译。我们可以在项目的生成的数据文件夹中（使用"Window"菜单的"Organizer"可以找到对应项目的该文件夹位置）的 `/Build/Products/Release-iphonesimulator` 里找到 `HelloKit.framework`。

> 如果直接使用 `Cmd + B` 进行编译的话我们得到的会是一个 Debug 版本的结果，在绝大多数情况下这应该不是我们想要的，除非你是需要用来进行调试。

然后新建一个项目来看看如何使用这个框架吧。建立新的 Xcode 项目，语言当然是选择为 Swift，然后将刚才的 `HelloKit.framework` 拖到 Xcode 项目中就可以了。我们最好勾选上 "Copy items if needed"，这样原来的框架的改动就不会影响到我们的项目了。

接下来，我们在需要使用这个框架的地方加上对框架的导入和调用。为了更简单，我们就在 `AppDelegate.swift` 的 `didFinishLaunching` 方法中对 `sayHello` 进行一次调用：

```
func application(application: UIApplication!,
    didFinishLaunchingWithOptions launchOptions: NSDictionary!) -> Bool {
    // Override point for customization after application launch.

    Hello.sayHello()

    return true
}
```

当然，别忘记在顶部加上 `import HelloKit` 来导入框架。

和其他只做链接的添加框架的方式略有不同，最后一步我们还需要在编译的时候将这个框架复制到项目包中。在 "Build Phases" 选项卡里添加一个 Copy File 的阶段（如下图所示），然后将目标设定为 `Frameworks`，将我们的 `HelloKit.framework` 添加到新建的阶段里，来指定 IDE 在编译时进行复制。

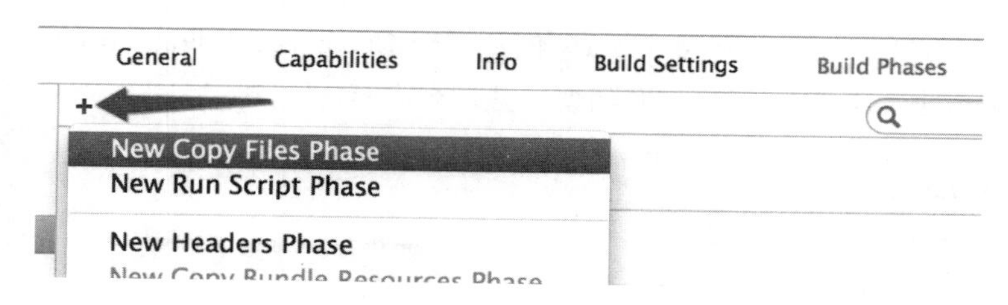

现在使用模拟器运行这个项目，我们应该可以在控制台中看到输出了：`Hello Kit`。

但是 "故事" 还没有最终结束。我们刚才编译的时候只做了模拟器的版本，如果你尝试一下在 app 项目中将目标切换为真机的话，会发现根本无法编译，这是由于模拟器和实际设备所使用的架构不同而导致的。我们需要回到框架项目中，将编译目标切换为 iOS Device，然后再次使用 `Shift + Cmd + I` 进行编译。这时我们可以在 `Release-iphoneos` 文件夹下得到真实设备可以使用的框架。最后我们通过 `lipo` 命令将适用于多个架构的二进制文件进行合并，以得到可以在模拟器和实际设备上通用的二进制文件：

```
lipo -create -output HelloKit \
       Release-iphoneos/HelloKit.framework/HelloKit \
       Release-iphonesimulator/HelloKit.framework/HelloKit
```

然后将得到的包含各架构的新的 HelloKit 文件复制到刚才模拟器版本的 HelloKit.framework 中（没错其实它是个文件夹），覆盖原来的版本。最后再将 Release-iphoneos 中的框架文件里的 /Modules/HelloKit.swiftmodule 下的 arm.swiftmodule 和 arm64.swiftmodule 两个文件复制到模拟器版本的对应文件夹下（这个文件夹下最终应该会有 i386、x86_64、arm 和 arm64 四个版本的 module 文件）。我们现在就得到了一个"通吃"模拟器和实际设备的框架了，用这个框架替换掉刚才我们复制到 app 项目中的那个，app 应该就可以同时在模拟器和设备上使用这个自制框架了。

> 再次提醒，本文所述的用 Swift 构建框架项目，然后在其他项目中使用这个框架的做法并不是推荐做法。对于 Objective-C 来说这个做法没有什么太大问题，但是对于 Swift 的框架来说，因为现在 Swift 的解释和运行环境还没有非常稳定，因此在项目中使用非同项目 target 的框架的时候，很有可能项目和框架的 Swift 运行环境有所差异。有时候这会导致不必要的问题和麻烦。

Tip 83 Playground 延时运行

从 WWDC 14 的 Keynote 上 Chris 的演示就能看出 Playground 的异常强大，但是从本质上来说 Playground 的想法其实非常简单，就是提供一个可以即时编辑的类似 REPL 的环境。

Playground 为我们提供了一个顺序执行的环境，在每次更改其中代码后整个文件都会被重新编译，清空原来的状态并运行。这个行为与测试时的单个测试用例有一些相似，因此在测试时遇到的问题我们在 Playground 中有时也会遇到。

其中最基础的就是异步代码的执行，比如下面这样的 `NSTimer` 在默认的 Playground 中是不会执行的：

```
class MyClass {
    @objc func callMe() {
        println("Hi")
    }
}

let object = MyClass()

NSTimer.scheduledTimerWithTimeInterval(1, target: object,
                    selector: "callMe", userInfo: nil, repeats: true)
```

> 关于 selector 的使用和 `@objc` 标记可以分别参见 “Selector” 及 “@objc 和 dynamic” 两节。

在执行完 `NSTimer` 语句之后，整个 Playground 将停止，`Hi` 永远不会被打印出来。请放心，这种异步的操作没有生效并不是因为你写错了什么，而是 Playground 执行完了所有语句，然后正常退出了而已。

为了使 Playground 具有延时运行的功能，我们需要引入 Playground 的 “扩展包” `XCPlayground` 框架。现在这个框架中包含了几个与 Playground 的行为进行交互，以及控制 Playground 特性的 API，其中就包括使 Playground 能延时执行的“黑魔法”，XCPSetExecutionShouldContinueIndefinitely。

我们只需要在刚才的代码上面加上：

```
import XCPlayground
XCPSetExecutionShouldContinueIndefinitely(continueIndefinitely: true)
```

就可以看到 Hi 以每秒一次的频率被打印出来了。

在实际使用和开发中，我们最经常面临的异步需求可能就是网络请求了，如果我们想要在 Playground 里验证某个 API 是否正确工作的话，使用 XCPlayground 的这个方法开启延时执行也是必要的：

```
import XCPlayground
XCPSetExecutionShouldContinueIndefinitely(continueIndefinitely: true)

let url = NSURL(string: "http://httpbin.org/get")

let getTask = NSURLSession.sharedSession().dataTaskWithURL(url) {
                (data, response, error) -> Void in
                let dictionary: AnyObject? =
                    NSJSONSerialization.JSONObjectWithData(data,
                                        options: nil, error: nil)

                println(dictionary)
            }

getTask.resume()
```

延时运行也是有限度的。如果你足够有耐心，会发现在第一个例子中的 NSTimer 每秒打印一次的 Hi 的计数最终会停留在 30 次。这是因为即使在开启了持续执行的情况下，Playground 也不会永远运行下去，默认情况下它会在顶层代码最后一句运行后 30 秒的时候停止执行。这个时间长度对于绝大多数的需求场景来说都是足够的了，但是如果你想改变这个时间的话，可以通过 Alt + Cmd + 回车来打开辅助编辑器。在这里你会看到控制台输出和时间轴，将右下角的 30 改成你想要的数字，就可以对延时运行的最长时间进行设定了。

Tip 84 Playground 可视化

在程序界，很多小伙伴都会对研究排序算法情有独钟，并且试图将排序执行的过程可视化，以便让大家更清晰直观地了解算法步骤。有人把可视化排序做得很正统明了[1]，也有人把它做到了艺术层次[2]。

想在 Cocoa 中做一个可视化的排序算法演示可不是一件容易的事情，很可能你会需要一套绘制图形的框架，并且考虑如何在屏幕上呈现每一步的过程。但是在 Playground 中事情就变得简单多了：我们可以使用 XCPlayground 框架的 XCPCaptureValue 方法来将一组数据轻而易举地绘制到时间轴上，从而让我们能看到每一步的结果。这不仅对我们直观且及时地了解算法内部的变化很有帮助，也会是教学或者演示时候的神兵利器。

XCPCaptureValue 的使用方法很简单，在 import XCPlayground 导入框架后，可以找到该方法的定义：

```
func XCPCaptureValue<T>(identifier: String, value: T)
```

我们可以多次调用该方法来作图，相同的 identifier 的数据将会出现在同一张图上，而 value 将根据输入的次序进行排列。举一个完整的例子来说明会比较快，比如下面的代码实现了简单的冒泡排序，我们在每一轮排序完成后使用 plot 方法将当前的数组状态用 XCPCaptureValue 的方式进行了输出。通过在时间轴的输出图，我们就可以非常清楚地了解到整个算法的执行过程了。

```
import XCPlayground

var arr = [14, 11, 20, 1, 3, 9, 4, 15, 6, 19,
           2, 8, 7, 17, 12, 5, 10, 13, 18, 16]

func plot<T>(title: String, array: [T]) {
    for value in array {
        XCPCaptureValue(title, value)
```

[1] *http://jsdo.it/norahiko/oxIy/fullscreen*
[2] *http://sorting.at*

```
    }
}

plot("起始", arr)

func swap<T>(inout x: Int, inout y: Int) {
    (x, y) = (y, x)
}

func bubbleSort<T: Comparable>(inout input: [T]) {
    for var i = input.count; i > 1; i-- {
        var didSwap = false
        for var j = 0; j < i - 1; j++ {
            if input[j] > input[j + 1] {
                didSwap = true
                swap(&input[j], &input[j + 1])
            }
        }
        if !didSwap {
            break
        }
        plot("第 \(input.count - (i - 1)) 次迭代", input)
    }
    plot("结果", input)
}

bubbleSort(&arr)
```

因为 XCPCaptureValue 的数据输入是任意类型的，所以不论是传什么进去都是可以表示的。它们将以 QuickLook 预览的方式被表现出来，一些像 UIImage、UIColor 或者 UIBezierPath 这样的类型已经实现了 QuickLook。当然对于那些没有实现快速预览的 NSObject 子类，也可以通过重写

```
func debugQuickLookObject() -> AnyObject?
```

来提供一个预览输出。在上面的冒泡排序方法中，我们可以接收任意满足 Comparable 的数组，而绘图方法也可以接受任意类型的输入。作为练习，试把 arr 的全部数字都换成一些随机的字符串，再看看时间轴的输出是什么样子吧。

Tip 85 Playground 与项目协作

我们提到过使用 Framework 的方式（见“代码组织和 Framework”一节）来组织和分离代码。除了能够得到更清晰的架构层次和方便的代码重用外，我们还能通过这个方式得到一个额外的好处，那就是在项目的 Playground 中使用这些代码。

一般来说，最主要的使用 Playground 的方式可能是建立单独的 Playground，然后在其中实验一些小的代码片段和 API。但是在实际开发中，我们面临更多的是针对具体项目的问题。如果我们想在单独的 Playground 中使用我们已经写的类或者方法的话，我们只能将这些类和方法的代码复制到 Playground 中，然后再进行依赖于它们的实验。这样的做法非常麻烦：迅速地确定所有代码的依赖关系本来就不是一件容易的事情，很可能你需要多次复制和检查才能最终建立起一套可用的环境。另一个问题是你需要时刻记住，Ctrl + C 或 V 在绝大多数情况下都是“恶魔”，如果你的项目代码以后发生了改变，你要怎么样才能让 Playground 里的内容和它们同步呢？从头开始再来一遍？显然这么做会是个悲剧。

Playground 其实是可以用在项目里的，通过配置，我们是可以做到让 Playground 使用项目中已有的代码的。直接说结论的话，我们需要满足以下的一些条件：

1. Playground 必须加入到项目之中，单独的 Playground 是不能使用项目中的已有代码的。

   最简单的方式是在项目中使用 File → New → File... 然后在里面选择 Playground。注意不要直接选择 File → New → Playground...，否则的话你还需要将新建的 Playground 拖到项目中来。

2. 想要使用的代码必须是通过 Cocoa (Touch) Framework 以一个单独的 target 的方式进行组织的。

3. 编译结果的位置需要保持为默认位置，即在 Xcode 设置中的 Locations 里 Derived Data 保持默认值。

4. 如果是 iOS 应用，这个框架必须已经针对 iPhone 5s Simulator 这样的 **64 位的模拟器**进行过编译。

> iOS 的 Playground 其实是运行在 64 位模拟器上的，因此为了能找到对应的符号和执行文件，框架代码的位置和编译架构都是有所要求的。

在满足这些条件后，你就可以在 Playground 中通过 `import` 你的框架 module 名字来导入代码，然后进行使用了。

Tip 86 Playground 限制

虽然 Playground 给了我们很多的便利，但是因为运行环境和特点的原因，在 Playground 中进行代码的实验还是有所限制的。

性能限制

最明显的就是性能限制，我们在 Playground 中书写的代码本身并没有什么特殊之处，都会以 `.swift` 的格式放在 Playground 包中。以 iOS 为例，在运行的时候整个 Playground 将被加载到 64 位的 iPhone 模拟器中。首先这些代码没有经过 `-O` 的编译器优化，仅仅是 `-Onone` 的调试代码；另外，每一句代码都需要记录和互动输出，因此大量的时间被消耗在了时间轴或者侧栏的输出中。我们**不应该**在 Playground 中测试我们代码的性能。在 Xcode 6 中一个合适并且被推荐的测试代码性能的工具是 XCTest 测试套件中新加入的 block 测试，在 Playground 中，我们更应该做的是检查代码的逻辑和步骤是否正确。

不过虽然无法测试代码性能，我们还是可以方便地观察某个方法调用的次数的——Playground 会为我们忠实地记录下这个数据。在大多数算法开发中，调用次数直接影响或者决定了性能的好坏，所以在这种情况下，我们通过观察某个关键方法的调用次数，也能大概了解算法效率情况，十分方便。

内存管理

Playground 里是不会释放内存的，比如这样一段代码：

```
class ClassA {
    deinit {
        println("deinit A")
    }
}
```

```
class ClassB {
    deinit {
        println("deinit B")
    }
}

var a: AnyObject = ClassA()
a = ClassB()
```

理论上在将 obj 设置为 ClassB 的实例后，之前 ClassA 的实例应该被释放掉，deinit 方法应该被调用。但是 ClassA 的 deinit 中的输出并没有出现在控制台中。这并不是说 Swift 的 ARC 内存管理出现了什么问题，而是因为 Playground 的运行环境也持有了这些变量。

不论在侧边的结果栏中，还是在辅助编辑器的时间轴上，我们都有可能在整个 Playground 的代码执行完毕后再去点击或者查看。这就要求 Playground 本身持有每个变量、这些变量变化的过程，以及每次调用的结果。这导致在 Playground 中重新开始一次运行之前，内存是无法释放的。如果我们把这段代码移到一个工程文件中，就可以在控制台观察到正确的内存管理行为了：

```
func application(application: UIApplication!,
    didFinishLaunchingWithOptions launchOptions: NSDictionary!) -> Bool {
    // Override point for customization after application launch.

    var a: AnyObject = ClassA()
    a = ClassB()

    return true
}

// 输出:
// deinit A
// deinit B
```

所以说，如果在 Playground 中学习或者测试像 weak 或者 unowned 的标注这样的内存管理相关的代码，你是不能得到正确结果的。

Tip 87 数学和数字

Darwin 里的 math.h 定义了很多和数学相关的内容，它在 Swift 中也被进行了 module 映射，因此在 Swift 中我们是可以直接使用的。有了这个保证，我们就不需要担心在进行数学计算的时候会和标准有什么差距。比如，我们可以轻易地使用圆周率来计算周长，也可以使用各种三角函数来完成需要的屏幕位置计算等：

```
func circlePerimeter(radius: Double) -> Double {
    return 2 * M_PI * radius
}

func yPosition(dy: Double, angle: Double) -> Double {
   return dy * tan(angle)
}
```

Swift 除了导入了 math.h 的内容以外，也在标准库中对极限情况的数字做了一些约定，比如我们可以使用 Int.max 和 Int.min 来取得对应平台的 Int 的最大和最小值。另外在 Double 中，我们还有两个很特殊的值，infinity 和 NaN。

infinity 代表无穷，它是类似 1.0 / 0.0 这样的数学表达式的结果，代表**数学意义上**的无限大。在这里我们强调了数学意义，是因为受限于计算机系统，其实是没有真正意义上的无穷大的，毕竟这是我们讨论的平台。一个 64 位的系统中，Swift 的 Double 能代表的最大的数字大约是 1.797693134862315e+308，而超过这个数字的 Double 虽然在数学意义上并不是无穷大，但是也会在判断的时候被认为是无穷：

```
1.797693134862315e+308 < Double.infinity  // true
1.797693134862316e+308 < Double.infinity  // false
```

当然一般来说和无穷大比较大小是没有意义的，虽然在绝大多数情况下我们不会在这个上面栽跟头，但是谁又知道会不会真的遇到这样的情况呢？

另一个有趣的东西是 NaN，它是 “Not a Number” 的简写，可以用来表示某些未被定义的或者出现了错误的运算，比如下面的操作都会产生 NaN：

```
let a = 0.0 / 0.0
let b = sqrt(-1.0)
let c = 0.0 * Double.infinity
```

与 NaN 进行运算的结果也都将是 NaN。Swift 的 Double 中也为我们提供了直接获取一个 NaN 的方法，我们可以通过使用 Double.NaN 来直接获取一个 NaN。在某些边界条件下，我们可能会希望判断一个数值是不是 NaN。和其他数字（包括无穷大）相比，NaN 在这点上非常特殊。你不能用 NaN 来做相等判断或者大小比较，因为它本身就不是数字，这类比较就没有意义了。比如对于一个理论上的恒等式 num == num，在 NaN 的情况下就有所不同：

```
let num = Double.NaN
if num == num {
    println("Num is \(num)")
} else {
    println("NaN")
}

// 输出：
// NaN
```

用判定是否与自己相等的方式就可以判定一个量是不是 NaN 了。当然，一个更加容易读懂和简洁的方式是使用 Double 的 isNaN 或者 Darwin 中的 isnan 来判断：

```
let num = Double.NaN
if num.isNaN {
    println("NaN")
}

if isnan(num) {
    println("NaN")
}

// 输出：
// NaN
// NaN
```

Tip 88 JSON

如果 app 需要有网络功能并且有一个后端服务器处理和返回数据的话，那就基本上无法避免和 JSON 打交道了。在 Swift 里处理 JSON 其实是一件挺棘手的事情，因为 Swift 对于类型的要求非常严格，所以在解析完 JSON 之后想要从结果的 AnyObject 中获取某个键值是一件非常麻烦的事情。举个例子，我们使用 NSJSONSerialization 解析完一个 JSON 字符串后，得到的是 AnyObject?：

```
/* jsonString
{"menu": {
    "id": "file",
    "value": "File",
    "popup": {
        "menuitem": [
            {"value": "New", "onclick": "CreateNewDoc()"},
            {"value": "Open", "onclick": "OpenDoc()"},
            {"value": "Close", "onclick": "CloseDoc()"}
        ]
    }
}}
*/
let jsonString = //...

let json: AnyObject? = NSJSONSerialization.JSONObjectWithData(
        jsonString.dataUsingEncoding(NSUTF8StringEncoding,
                                     allowLossyConversion: true)!,
        options: nil,
        error: nil)
```

我们如果想要访问 menu 里的 popup 中第一个 menuitem 的 value 值的话，在最正规的情况下，需要写这样的代码：

```
if let jsonDic = json as? NSDictionary {
    if let menu = jsonDic["menu"] as? [String: AnyObject] {
        if let popup: AnyObject = menu["popup"] {
            if let popupDic = popup as? [String: AnyObject] {
                if let menuItems: AnyObject = popupDic["menuitem"] {
                    if let menuItemsArr = menuItems as? [AnyObject] {
                        if let item0 = menuItemsArr[0]
                                    as? [String: AnyObject] {
                            if let value: AnyObject = item0["value"] {
                                println(value)
                            }
                        }
                    }
                }
            }
        }
    }
}
// 输出 New
```

什么？你难道把这段代码看完了？我都不忍心写下去了，如果你真的想要坚持这么做的话，我只能说祝你好运了。

那么，我们应该怎么做呢？在上面的代码中，最大的问题在于我们为了保证类型的正确性，做了太多的转换和判断。我们并没有利用一个有效的 JSON 容器总应该是字典或者数组这个有用的特性，而导致每次使用下标取得的值都是需要转换的 AnyObject。如果我们能够重载下标的话，就可以通过下标的取值配合 Array 和 Dictionay 的 Optional Binding 来简单地在 JSON 中取值。限于篇幅，我们在这里不给出具体的实现。感兴趣的读者可以移步看看 json-swift[1] 这个项目，它就使用了重载下标访问的方式简化了 JSON 操作。使用这个工具，上面的访问可以简化为下面的类型安全的样子：

```
if let value = json["menu"]?["popup"]?["menuitem"]?[0]?["value"].string {
    println(value)
}
```

这样就简单多了。

[1] *https://github.com/owensd/json-swift*

Tip 89 NSNull

NSNull 出场最多的时候就是在 JSON 解析了。

在 Objective-C 中，因为 NSDictionay 和 NSArray 只能存储对象，对于像 JSON 中可能存在的 null 值，NSDictionay 和 NSArray 中就只能用 NSNull 对象来表示。Objective-C 中的 nil 实在是太方便了，我们向 nil 发送任何消息时都将返回默认值，因此很多时候我们过于依赖这个特性，而不再去进行检查就直接使用对象。大部分时候这么做没有问题，但是在处理 JSON 时，NSNull 却无法使用像 nil 那样的对所有方法都响应的特性。而又因为 Objective-C 是没有强制的类型检查的，我们可以任意向一个对象发送任何消息，这就导致了，如果 JSON 对象中存在 null（不论这是有意为之还是服务器方面出现了某种问题）的话，对其映射为的 NSNull 直接发送消息时，app 将发生崩溃。相信有过一定和后端协作的开发经验的读者，可能都遇到过这样的问题：

```
NSInteger voteCount = [jsonDic objectForKey:@"voteCount"] integerValue];
// 如果在 JSON 中 voteCount 对应的是 null 的话
// [NSNull intValue]: unrecognized selector sent to instance 崩溃
```

在 Objective-C 中，我们一般通过严密的判断来解决这个问题：即在每次发送消息的时候都进行类型检查，以确保将要接收消息的对象不是 NSNull 的对象。另一种方法是添加 NSNull 的 category，让它响应各种常见的方法（比如 integerValue 等），并返回默认值。两种方式都不是非常完美，前一种过于麻烦，后一种难免有疏漏。

而在 Swift 中，这个问题被语言的特性彻底解决了。因为 Swift 所强调的就是类型安全，无论怎么说都需要一层转换。因此除非我们故意不去将 AnyObject 转换为我们需要的类型，否则我们绝对不会错误地向一个 NSNull 发送消息。NSNull 会默默地通过 Optional Binding 被转换为 nil，从而避免被执行：

```
// 假设 jsonValue 是从一个 JSON 中取出的 NSNull
let jsonValue: AnyObject = NSNull()
```

```
if let string = jsonValue as? String {
    println(string.hasPrefix("a"))
} else {
    println("不能解析")
}

// 输出:
// 不能解析
```

Tip 90 文档注释

文档的重要性是毋庸置疑的，使用别人的代码时我们一般都会去查阅文档了解 API 的使用方法，与别人合作时我们也都要为各自的代码负责，一个最简单的方式就是撰写易读可用的文档。关于文档的种种好处就不再赘述了，在这一节中我们着重看看怎么为 Swift 的代码编写文档。

对于程序设计的文档，业界的标准做法都是自动生成。一般我们会将文档作为注释嵌入式地以某种规范的格式写在实际代码的上方，这样文档的自动生成器就可以扫描源代码并读取这些符合格式的注释，最后生成漂亮的文档了。对于 Objective-C 来说，这方面的自动生成工具有 Apple 标准的 HeaderDoc[1]，以及第三方的 appledoc[2] 或者 Doxygen[3] 等。

从 Xcode 5 开始，IDE 默认集成了提取文档注释并显示为 Quick Help 的功能，从那以后，能被 Xcode 识别的文档注释就成为了事实上的行业标准。在 Objective-C 时代，传统的 Javadoc[4] 格式的注释是被接受的，而到了 Swift 中，默认的文档注释使用的是 reStructuredText[5] 格式。对于一个简单的方法，我们的文档注释看起来应该是这样的：

```
/**
A demo method

:param: input An Int number

:returns: The string represents the input number
*/
func method(input: Int) -> String {
    return String(input)
}
```

[1] *https://developer.apple.com/library/mac/documentation/DeveloperTools/Conceptual/HeaderDoc/intro/intro.html*
[2] *http://gentlebytes.com/appledoc/*
[3] *http://www.stack.nl/~dimitri/doxygen/*
[4] *http://en.wikipedia.org/wiki/Javadoc*
[5] *http://docutils.sourceforge.net/docs/user/rst/quickref.html*

在文档注释的块中（在这里是被 /**...*/ 包围的注释），我们需要使用 :param: 紧接输入参数名的形式来表达对输入参数的说明。如果有多个参数，我们会需要相应地写多组 :param: 语句。如果返回值不是 Void 的话，我们还需要写 :returns: 来对返回进行说明。

这时，我们如果使用 Alt + 单击的方式点选 method 的话，就可以看到由 Xcode 格式化后的 Quick Help 对话框：

Declaration func method(input: Int) -> String
Description A demo method
Parameters input An Int number
Returns The string represents the input number
Declared In OneV.playground

在调用这个方法时，同样的提示也会出现，非常方便。

对于像属性这样的简单的声明，我们直接使用 /// 就可以了：

```
struct Person {
    /// name of the person
    var name: String
}
```

现在除了 Xcode 6 自身的渲染之外，其他传统的文档自动生成工具还不能很好地读取 Swift 的文档注释。不过相信很快像 HeaderDoc 或者 appledoc 这样的工具就会进行更新并提供支持，这并没有太大的实现难度。另外，有一个叫作 jazzy[6] 的新项目在这方面已经做出了一些成果。

最后，如果你觉得在 Xcode 中手写 :param: 或者 :returns: 这样的东西非常浪费时间的话，可以尝试使用一款叫作 VVDocumenter[7] 的 Xcode 插件，它能够帮助你快速并且自动地生成符合格式的文档注释模板，你需要做的只是填上你需要的描述。

> 作为利益相关的说明，VVDocumenter 的开发者就是我本人。

[6] *https://github.com/realm/jazzy*
[7] *https://github.com/onevcat/VVDocumenter-Xcode*

Tip 91 Log 输出

Log 输出是程序开发中很重要的组成部分，它虽然不是直接的业务代码，却可以忠实地反映我们的程序是如何工作的，以及记录程序运行的过程中发生了什么。

在 Swift 中，最简单的输出方法就是使用 println，在我们关心的地方输出字符串和值。但是这并不够，试想一下当程序变得非常复杂的时候，我们可能会输出很多内容，而想在其中寻找到我们希望的输出其实并不容易。我们往往需要更好更精确的输出，这包括输出这个 log 的文件、调用的行号及所处的方法名字等。

我们当然可以在 println 的时候将当前的文件名字和那些必要的信息作为参数同我们的消息一起进行打印：

```
// Test.swift
func method() {
    //...
    println("文件名:Test.swift, 方法名:method, 这是一条输出")
    //...
}
```

但是这显然非常麻烦，每次输入文件名和方法名不说，随着代码的改变，这些 Log 的位置也可能发生改变，这时我们可能还需要不断地去维护这些输出，代价实在太大。

在 Swift 中，编译器为我们准备了几个很有用的编译符号，用来处理类似这样的需求，它们分别是：

符号	类型	描述
FILE	String	包含这个符号的文件的路径
LINE	Int	符号出现处的行号
COLUMN	Int	符号出现处的列
FUNCTION	String	包含这个符号的方法名字

因此，我们可以通过使用这些符号来写一个好一些的 Log 输出方法：

```
func printLog<T>(message: T,
                    file: String = __FILE__,
                  method: String = __FUNCTION__,
                    line: Int = __LINE__)
{
    println("\(file.lastPathComponent)[\(line)], \(method): \(message)")
}
```

这样，在打印输出的时候我们只需要使用这个方法就能完成文件名、行号及方法名的输出了。最棒的是，我们不再需要对这样的输出进行维护，无论在哪里它都能正确地输出各个参数：

```
// Test.swift
func method() {
    //...
    printLog("这是一条输出")
    //...
}

// 输出：
// Test.swift[62], method(): 这是一条输出
```

另外，对于 log 输出更多地其实是用在程序开发和调试的过程中的，过多的输出有可能对运行的性能造成影响。在 Release 版本中关闭向控制台的输出也是软件开发中一种常见的做法。如果我们在开发中就注意使用了统一的 log 输出的话，这就变得非常简单了。使用条件编译（见"条件编译"一节）的方法，我们可以添加条件，并设置合适的编译配置，使 printLog 的内容在 Release 时被去掉，从而成为一个空方法：

```
func printLog<T>(message: T,
                    file: String = __FILE__,
                  method: String = __FUNCTION__,
                    line: Int = __LINE__)
{
    #if DEBUG
    println("\(file.lastPathComponent)[\(line)], \(method): \(message)")
    #endif
}
```

新版本的 LLVM 编译器在遇到这个空方法时，甚至会直接将这个方法整个去掉，完全不去调用它，从而实现零成本。

Tip 92 溢出

对于 Mac 开发，我们早已步入了 64 位时代，而对 iOS 来说，64 位的乐章才刚刚开始。在今后一段时间内，我们都需要面临同时为 32 位和 64 位的设备进行开发的局面。这导致的最直接的一个结果就是数字类型的区别。

最简单的例子，在 Swift 中我们一般简单地使用 Int 来表示整数，在 iPhone 5 和以下的设备中，这个类型其实等同于 Int32，而在 64 位设备中表示的是 Int64 (这点和 Objective-C 中的 NSInteger 表现是完全一样的，事实上，在 Swift 中 NSInteger 只是一个 Int 的 typealias（见"typealias 和泛型接口"一节）。这就意味着，我们在开发的时候必须考虑同样的代码在不同平台上的表现差异，比如下面的这段计算在 32 位设备上和 64 位设备上的表现就完全不同：

```
class MyClass {
    var a: Int = 1
    func method() {
        a = a * 100000
        a = a * 100000
        a = a * 100000
        println(a)
    }
}

MyClass().method()

// 64 位环境 (iPhone 5s 及以上)
// 1,000,000,000,000,000

// 32 位环境 (iPhone 5c 及以下)
// 崩溃
```

因为 32 位的 Int 的最大值为 2,147,483,647，这个方法的计算已经超过了 Int32 的最大值。和其他一些编程语言的处理不同的是，Swift 在溢出的时候选择了让程序直接崩溃而不是截掉超出的部分，这也是一种安全性的表现。

另外，编译器其实已经足够智能，可以帮助我们在编译的时候就发现某些必然的错误，比如：

```
func method() {
    var max = Int.max
    max = max + 1
}
```

这种常量运算在编译时就进行了，发现计算溢出后编译无法通过。

在存在溢出可能性的地方，第一选择当然是使用空间更大的类型来表示，比如将原来的 Int32 显式地声明为 Int64。如果 64 位整数还无法满足需求的话，我们也可以考虑使用两个 Int64 来实现 Int128（据我所知现在还没有面向消费领域的 128 位的电子设备）的行为。

最后，如果我们想和其他编程语言那样对溢出的处理 “温柔” 一些，不是让程序崩溃，而是简单地从高位截断的话，可以使用溢出处理的运算符，在 Swift 中，我们可以使用以下这五个带有 & 的操作符，这样 Swift 就会忽略掉溢出的错误：

- 溢出加法（&+）
- 溢出减法（&-）
- 溢出乘法（&*）
- 溢出除法（&/）
- 溢出求模（&+）

这样处理的结果如下：

```
var max = Int.max
max = max &+ 1

// 64 位系统下
// max = -9,223,372,036,854,775,808
```

Tip 93 宏定义 define

Swift 中没有宏定义。

宏定义确实是一个让人又爱又恨的特性，合理利用的话，可以让我们写出很多简洁漂亮的代码，但是同时，不可否认的是宏定义无法受益于 IDE 工具，难以重构和维护，很可能隐藏很多 bug，这对于开发其实并不是一件好事。

Swift 中将宏定义彻底从语言中拿掉了，并且 Apple 给了我们一些替代的建议：

- 使用作用范围合适的 `let` 或者 get 属性来替代原来的宏定义值，例如很多 Darwin 中的 C 的 define 值就是这么做的：

  ```
  var M_PI: Double { get } /* pi */
  ```

- 对于宏定义的方法，类似地在同样作用域写为 Swift 方法。一个最典型的例子是 `NSLocalizedString` 的转变：

  ```
  // objc
  #define NSLocalizedString(key, comment) \
  [[NSBundle mainBundle] localizedStringForKey:(key) value:@"" table:nil]


  // Swift
  func NSLocalizedString(
      key: String,
      tableName: String? = default,
      bundle: NSBundle = default,
      value: String = default,
      #comment: String) -> String
  ```

- 随着 `#define` 的消失，像 `#ifdef` 这样通过宏定义是否存在来进行条件判断并决定某些代码是否参与编译的方式也消失了。但是我们仍然可以使用 `#if` 并配合编译的配置来完成条件编译，具体的方法可以参看“条件编译”一节的内容。

define 在编译时实际做的事情类似于查找替换，因此往往可以用来做一些很特别的事情，比如只替换掉某部分内容。举个例子，如果 Swift 中有 define 的话，我们或许能写出这样的宏定义：

```
#define PUBLIC_CLASS_START(x) public class x {
#define PUBLIC_CLASS_END }
```

然后在文件中这样使用：

```
PUBLIC_CLASS_START(MyClass)

var myVar: Int = 1

PUBLIC_CLASS_END
```

虽然这只是一个没什么实际用处的例子，但是这展现了我们完全改变代码表现结构的可能性。在自动代码生成或者统一配置修改时的某些情况下会很好用。而现在暂时在 Swift 中无法对应这样的用法，所以在 Swift 中短期内我们可能很难看到类似 Kiwi[1] 这样的严重依赖宏定义来改变语法结构的有趣的项目了。

[1] *https://github.com/kiwi-bdd/Kiwi*

Tip 94 属性访问控制

Swift 中由低至高提供了 private、internal 和 public 三种访问控制的权限。默认的 internal 在绝大部分时候是适用的，另外由于它是 Swift 中的默认的控制级，因此它也是最为方便的。

但是对于一个严格的项目来说，精确的最小化访问控制级别对于代码的维护来说还是相当重要的。对于方法来说比较直接，我们想让同一 module （或者说是 target）中的其他代码访问的话，保持默认的 internal 就可以了。如果我们是为其他开发者开发库的话，可能会希望用一些 public，因为在 target 外只能调用到 public 的代码。而那些只希望在本文件内访问的方法，我们应该用 private 加以限制，以防止暴露给项目的其他部分。要特别说明的一点是，Swift 中的 private 和其他大部分语言不太一样，它的限制范围是按文件，而不是按照类型来的。就是说，即使是两个毫不相关的类型，只要被写在同一个文件中，那么这个文件里的 private 就可以被相互访问到。

以上是方法和类型的访问控制的情况。而对于属性来说，访问控制还多了一层需要注意的地方。在类型中的属性默认情况下：

```
class MyClass {
    var name: String?
}
```

因为没有任何修饰，所以我们可以在同一 module 中随意地读取或者设置这个变量。从类型外部读取一个实例成员变量是很普通的需求，而对其进行设定的话就需要小心一些了。当然我们在实际构建一个类时是会有需要设置的情况的，一般来说会是在这个类型外的地方，对这个类型对象的某些特性进行配置。

对于那些我们只希望在当前文件中使用的属性来说，我们当然可以在声明前面加上 private 使其变为私有：

```
class MyClass {
    private var name: String?
}
```

但是在开发中所面临的更多的情况是我们希望在类型之外也能够读取到这个类型，同时为了保证类型的封装和安全，只能在类型内部对其进行改变和设置。这时，我们可以通过下面的写法将读取和设置的控制权限分开：

```
class MyClass {
    private(set) var name: String?
}
```

因为 set 被限制为了 private，我们就可以保证 name 只会在当前文件被更改。这为之后更改或者调试代码提供了很好的范围控制，可以让我们确定只需要在当前文件中寻找问题。

这种写法没有对读取做限制，相当于使用了默认的 internal 权限。如果我们希望在别的 module 中也能访问这个属性，同时又保持只在当前文件中可以设置的话，我们需要将 get 的访问权限提高为 public。属性的访问控制可以通过两次访问权限指定来实现，具体来说，将刚才的声明变为：

```
public class MyClass {
    public private(set) var name: String?
}
```

这时我们就可以在 module 之外也访问到 MyClass 的 name 了。

> 我们在 MyClass 前面也添加了 public，这是编译器所要求的。因为如果只为 name 的 get 添加 public 而不管 MyClass 的话，module 外就连 MyClass 都访问不到了，属性的访问控制级别也就没有任何意义了。

Tip 95　Swift 中的测试

在软件开发中，测试的重要性不言而喻。Xcode 中集成了 XCTest 作为测试框架，Swift 代码的测试默认也使用这个框架进行。

关于 XCTest 的使用方法，比如像 `setUp`、`tearDown` 及 `testxxx` 等在 Swift 下和以前也并没有什么不同，作为一本介绍 Swift 的书，我不打算在此重复这些。如果对测试的理论基础和实践方法感兴趣的话，不妨看看 Objective-C 中国网上相关的话题文章[1]。

XCTest 中测试和待测试的 app 是分别独立存在于两个不同的 target 里的。这使测试 Swift 代码时面临着由访问权限带来的巨大困境。在 Objective-C 时代，测试的 target 通过依赖应用 target 并导入头文件来获取 app 的 API 并对其进行测试。而在 Swift 中因为 module 模块的管理方法和访问控制权限的设计，使得这个过程出现了问题：一般对于 app，我们都不会将方法标记为 `public`，而会遵循访问权限最小的原则，使用默认的 `internal` 或 `private`。对于有些 `internal` 的方法，其实我们是需要去进行测试的。但是由于测试的 target 和 app 的 target 是不同的，因此在测试中导入 app 的 module 后我们是访问不到那些默认 `internal` 的待测试方法的，这就使得测试变得不可能了。

Apple 表示正在考虑这个问题的优雅的解决方式，在以后的 Swift 版本中也一定会加以解决。希望在本书的更新版本中我可以将这一节的内容彻底删除掉，但是在 Apple 拿出完好的解决方案之前，我们先来看看如何“绕过”这个限制吧。

首先想到的一种方式就是，将我们需要测试的内容都标记为 `public`，这样我们就能在测试 target 中访问到待测试的 API 了。

```
// 位于 AppModule target 的业务代码
public func methodToTest() {

}

// 测试
```

---

[1] *http://objccn.io/issue-15/*

```swift
import AppModule

//...
func testMethodToTest() {

    // 配置测试

    someObj.methodToTest()

    // 断言结果
}
```

如果我们在开发的是一个类库的话，这种做法是没什么问题的——因为最终我们也确实需要将某些供外部调用的方法标记为 `public`，而它们恰好也就是需要被测试的代码。但是对于 app 开发时的测试来说，就不是一件顺理成章的事情了。我们没有理由为一些理论上不存在外部调用可能性的代码赋予 `public` 这样高级的权限，这违背了最小权限的设计原则，同时也会给我们带来非常多的修改现有代码的麻烦。

另一种方式是将项目的文件一股脑加到测试 target 的 Compile Sources 中去，这样实际代码和测试代码将位于同一个 module 下，也解决了测试代码无法访问业务代码的问题。但是这会导致之后的维护变得麻烦一些，因为之后在添加新文件时，你总需要考虑是否要同时加入测试模块中，这违背了代码模块化的原则。

现阶段看来，两者取其轻的话，将业务代码加到测试模块中的做法会更好一些。因为 Apple 迟早会解决这个问题，而到时候的方案很可能是为测试模块“开后门”，让其能够直接访问到 app 的模块。现阶段无论采用哪种方式来绕过访问控制的限制，我们之后可能都要对项目再进行修改。比较起来我个人更倾向于使用将文件添加到测试 target 编译中的做法，因为这种做法在添加和以后删除的时候都不需要涉及修改代码的操作，会轻松一些。

Tip 96 Core Data

相信大多数开发者第一次接触到 Objective-C 的 `@dynamic` 都是在和 Core Data 打交道的时候。Objective-C 中的 `@dynamic` 和 Swift 中的 `dynamic` 关键字（参见“@objc 和 dynamic”一节）完全是两回事。在 Objective-C 中，如果我们将某个属性实现为 `@dynamic`，就意味着告诉编译器我们不会在编译时就确定这个属性的行为实现，因此不需要在编译期间对这个属性的 getter 或/及 setter 做检查和关心。这是我们向编译器做出的庄严承诺，表示我们将在运行时来提供这个属性的存取方法（当然相应地，如果在运行时你没有履行这个承诺的话，应用就会“挂”给你看）。

所有的 Core Data Model 类都是 `NSManagedObject` 的子类，它为我们实现了一整套的机制，可以利用我们定义的 Core Data 数据图和关系在运行时动态生成合适的 getter 和 setter 方法。在绝大多数情况下，我们只需要使用 Xcode 的工具自动生成 `NSManagedObject` 的子类并使用就行了。在 Objective-C 中一个典型的 `NSManagedObject` 子类是这样的：

```
// MyModel.h
@interface MyModel : NSManagedObject

@property (nonatomic, copy) NSString * title;

@end

// MyModel.m
#import "MyModel.h"
@implementation MyModel

@dynamic title;

@end
```

很遗憾，Swift 里是没有 `@dynamic` 关键字的，因为 Swift 并不保证一切都走动态派发，因此从语言层面上提供这种动态转发的语法也并没有太大意义。在 Swift 中严格来说是没有原来的 @dynamic 的完整替代品的，但是如果我们将范围限定在 Core Data 的话就有所不同。

Core Data 是 Cocoa 的一个重要组成部分，也是非常依赖 @dynamic 特性的部分。Apple 在 Swift 中专门为 Core Data 加入了一个特殊的标注来处理动态代码，那就是 @NSManaged。我们只需要在 NSManagedObject 的子类成员的字段上加上 @NSManaged 就可以了：

```
class MyModel: NSManagedObject {

    @NSManaged var title: String

}
```

这时编译器便不再会“纠结”于没有初始化方法实现 title 的初始化，而在运行时对于 MyModel 的读写也都将能利用数据图完成恰当的操作了。

另外，在通过数据模型图创建 Entity 时要特别注意在 Class 中指定类型名时**必须**加上 app 的 module 名字，才能保证在代码中做类型转换时不发生错误。

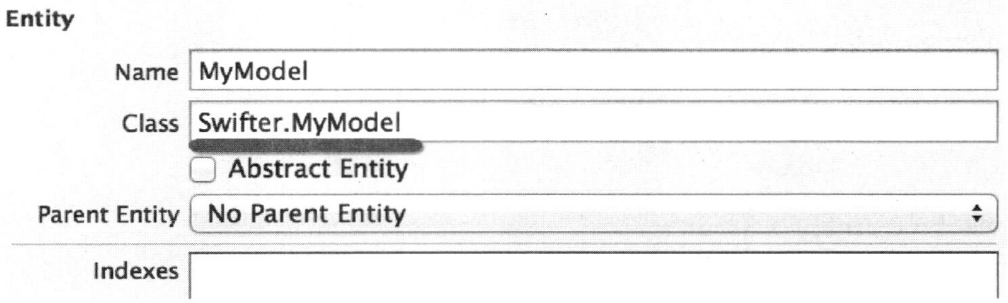

Entity
Name MyModel
Class Swifter.MyModel
Abstract Entity
Parent Entity No Parent Entity
Indexes

最后要强调一点，Apple 在文档中指出 @NSManaged 是专门用来解决 Core Data 中动态代码的问题的，因此我们最好是遵守这个规则，只在 NSManagedObject 的子类中使用它。但是如果你将 @NSManaged 写到其他的类中，也是能够编译通过的。在这种情况下，被标记的属性的访问将会回滚到 Objective-C 的 getter 和 setter 方法。亦即，对于一个叫作 title 的属性，在运行时会调用 title 和 setTitle: 方法。从行为上来说和以前的 @dynamic 关键字是一样的，我们当然也可以使用 Objective-C 运行时（runtime）来提供这两个方法，但是要注意的是这么做的话我们就必须把涉及的类和方法标记为 @objc。我并不推荐这样做，因为你无法知道这样的代码在下一个版本中是否还能工作。

Tip 97 闭包歧义

Swift 的闭包写法很多，但是最正规的应该是完整地将闭包的输入和输出都写上，然后用 in 关键字隔离参数和实现。比如我们想实现一个 Int 的 extension，使其可以执行闭包若干次，并同时将次数传递到闭包中：

```
extension Int {
    func times(f: Int -> ()) {
        println("Int")
        for i in 1...self {
            f(i)
        }
    }
}

3.times { (i: Int) -> () in
    println(i)
}

// 输出：
// Int
// 1
// 2
// 3
```

这里闭包接受 Int 输入且没有返回，在这种情况下，我们可以将这个闭包的调用进行简化，使其成为下面这样：

```
3.times { i in
    println(i)
}
```

这是我们很常见的写法了，也是比较推荐的写法。但是比如某一天，我们觉得这种传入参数的 times 有些麻烦，很多时候我们并不需要当前的次数，而只是想简单地将一个闭包重复若干次的话，可能我们会写出 Int 的另一个闭包无参数的扩展方法：

```
extension Int {
    func times(f: Void -> Void) {
        println("Void")
        for i in 1...self {
            f()
        }
    }
}
```

你也许会这么解读这段代码：Int 有一个扩展方法 times，它接受一个叫作 f 的闭包，这个闭包不接受参数也没有返回；times 的作用是按照这个 Int 本身的次数来执行 f 闭包若干次。

在早期的 Swift 版本中，这里存在一个歧义调用。虽然在 Swift 1.2 之后的新版本中这个歧义调用问题已经由编译器解决了，但是在修订这个章节时，我认为保留之前的一些讨论可能会对理解整个问题有所帮助。

如果我们在 Swift 1.1 中运行这段代码，输出将发生改变：

```
// 输出：
// Void
//
//
//
```

现在的输出变成了 Void 后面接了三行空格。一个以 i 为参数的原来正常工作的方法，在加入了一个“不接受参数”的新方法的情况下，却实际上调用了这个新的方法。我们在没有改变原来的代码的情况下，仅仅是加入了新的方法就让原来的代码失效了，这到底是为什么，又发生了什么？

很明显，现在被调用的是 Void 版本的扩展方法。在继续之前，我们需要明确 Swift 中的 Void 到底是什么。在 Swift 的 module 定义中，Void 只是一个 typealias 而已，没什么特别：

```
typealias Void = ()
```

那么，() 又是什么呢？在“多元组（Tuple）”一节的最后我们指出了，其实 Swift 中的任何东西都是放在多元组里的。(42, 42) 是含有两个 Int 类型元素的多元组，(42) 是含有一个 Int 的多元组，那么 () 是什么？没错，这是一个不含有任何元素的多元组。所以其实我们在 extention 里声明的 func times(f: Void -> Void) 根本不是“不接受参数”的闭包，而是一个接受没有任何元素的多元组的闭包。这也不奇怪为什么我们的方法会调用错误了。

当然，在实际使用中这种情况基本是不会发生的。之所以调用到了 Void 版本的方法，是因为我们并没有在调用的时候为编译器提供足够的类型推断信息，因此 Swift 为我们选择了代价最小的 Void 版本来执行。如果我们将调用的代码改为：

```
3.times { i in
    println(i + 1)
}
```

可以看到，这回的输出是：

```
// 输出：
// Int
// 2
// 3
// 4
```

毫无疑问，因为 Void 是没有实现 + 1 的，所以类型推断判定一定会调用到 Int 类型的版本。

其实不止是 Void，像是在使用多元组时也会有这样的疑惑。比如我们又加入了一个这样看起来是“接受两个参数”的闭包的版本：

```
extension Int {
    func times(f: (Int, Int) -> ()) {
        println("Tuple")
        for i in 1...self {
            f(i, i)
        }
    }
}
```

如果我们先注释掉其他的歧义版本，我们可以看到 i in 这种接受一个参数的调用仍然可以编译和运行，它的输出会是：

```
// Tuple
// (1, 1)
// (2, 2)
// (3, 3)
```

道理和 Void 是一样的，在此就不再赘述了。

在 Swift 1.2 中，类似上面的有歧义的调用会导致编译器报错，并提醒我们发生歧义的方法。得益于新的编译环境，我们现在可以写出更安全和更有保障的代码。

但无论如何，在使用可能存在歧义的闭包时，过度依赖于类型推断其实是一种比较危险的行为，可读性也很差——除非你自己清楚地知道输入类型，否则很难判断调用的到底是哪个方法。为了增强可读性和安全性，最直接的是在调用时尽量指明闭包参数的类型。虽然在写的时候会觉得要多写一些内容，但是在 IDE 的帮助下默认实现也是带有全部参数类型的，所以这并不是问题。相信在之后进行扩展和阅读时我们都会感谢当初将类型写全的决定。

```
3.times { (i: Int)->() in
    println(i)
}

3.times { (i: Void)->() in
    println(i)
}

3.times { (i: (Int,Int))->() in
    println(i)
}
```

Tip 98　泛型扩展

Swift 对于泛型的支持使得我们可以避免为类似的功能多次书写重复的代码，这是一种很好的简化。而对于泛型类型，我们也可以使用 extension 为泛型类型添加新的方法。

与为普通的类型添加扩展不同的是，泛型类型在类型定义时就引入了类型标志，我们可以直接使用。例如 Swift 的 Array 类型的定义是：

```
struct Array<T> : MutableCollectionType, Sliceable {
    typealias Element = T

    //...
}
```

在这个定义中，已经声明了 T 为可变类型。在为类似这样的泛型类型写扩展的时候，我们不需要在 extension 关键字后的声明中重复地去写 <T> 这样的泛型类型名字（其实编译器也不允许我们这么做），在扩展中可以使用和原来定义一样的 T 来指代类型本体声明的泛型。比如我们想在扩展中实现一个 random 方法来随机地取出 Array 中的一个元素：

```
extension Array {
    var random: T? {
        return self.count != 0 ?
            self[Int(arc4random_uniform(UInt32(self.count)))] :
            nil
    }
}

let languages = ["Swift","ObjC","C++","Java"]
languages.random!
// 随机输出是这四个字符串中的某个

let ranks = [1,2,3,4]
```

```
ranks.random!
// 随机输出是这四个数字中的某个
```

在扩展中是不能添加整个类型可用的新泛型符号的，但是对于某个特定的方法来说，我们可以添加 T 以外的其他泛型符号。比如在刚才的扩展中加上：

```
func appendRandomDescription
        <U: Printable>(input: U) -> String {

    if let element = self.random {
        return "\(element) " + input.description
    } else {
        return "empty array"
    }
}
```

我们限定了只接受实现了 Printable 的参数作为参数，然后将这个内容附加到自身的某个随机元素的描述上。因为参数 input 实现了 Printable，所以在方法中我们可以使用 description 来获取描述字符串。

```
let languages = ["Swift","ObjC","C++","Java"]
languages.random!

let ranks = [1,2,3,4]
ranks.random!

languages.appendRandomDescription(ranks.random!)

// 随机组合 languages 和 ranks 中的各一个元素，然后输出
```

虽然这是个生造的需求，但是能说明泛型在扩展里的使用方式。简单地说就是我们不能通过扩展来重新定义当前已有的泛型符号，但是可以对其进行使用，在扩展中也不能为这个类型添加泛型符号。但只要名字不冲突，我们是可以在新声明的方法中定义和使用新的泛型符号的。

Tip 99 兼容性

作为一门新兴语言，Swift 必然会经常地发生变化。可以预见到在未来的一到两年内 Swift 必然会迎来很多的修正和特性强化。现在的 Swift 作为一门 app 开发语言，最终的运行环境会是各式各样的电子设备。在语言版本不断更新变化的同时，如何尽可能地使更多的设备和系统可以使用这门语言开发的 app，是最大的问题之一。

Apple 通过将一个最小化的运行库集成打包到 app 中这样的方式来解决兼容性的问题。使用了 Swift 语言的项目在编译时会在 app 包中带有这一套运行时环境，并在启动时加载这些 `dylib` 包作为 Swift 代码的运行环境。这些库文件位于打包好的 app 的 `Frameworks` 文件夹中：

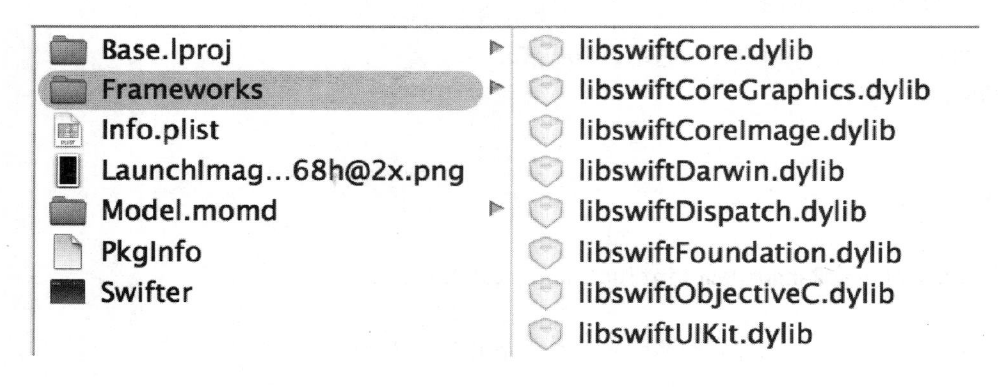

这样带来的好处有两点。首先是虽然 Swift 语言在不断变化，但是你的 app 不论在什么样的系统版本上都可以保持与开发编译时的行为一致，因为你依赖的 Swift 运行时是和 app 绑定的。这对于确保 Swift 升级后新版本的 app 在原有的设备和系统上运行正常是必要的。

另一个好处是向下兼容。虽然 Swift 是和 iOS 8 及 OSX 10.10 一同推出的，但是通过加载 Swift 的动态库，Apple 允许 Swift 开发的 app 在 iOS 7 和 OSX 10.9 上也能运行，这对 Swift 的尽快推广和使用也是十分关键的。

但是这样的做法的缺点也很明显，那就是更大的 app 尺寸和内存占用。在 Swift 1.0 版本下，通过 Release 打包后同样的 Swift 空工程的 ipa 文件要比 Objective-C 空工程大 4~5 MB，在设备上运行时也会有额外的 2~3 MB 的内存空间开销。如果制作的 app 对于磁盘空间占用很敏感的话，现在的 Swift 的这个不足是难以绕开的。

Xcode 会在编译 app 时判断在当前项目中是否含有 Swift 文件，如果存在的话，将自动为我们把运行时的 dylib 复制到 app 包中。而在 iOS 8 中，我们可以为系统开发像是动作扩展、照片编辑或者通知中心窗体等扩展组件。这些扩展是以 target 的形式存在于主 app 项目中的。因此存在一种可能性，那就是主项目没有用到 Swift，但是在扩展中用到了 Swift。这种情况下，我们需要手动将项目 app target 的编译设置中 Build Options 下的 Embedded Content Contains Swift Code 设置为 Yes，以确保 Swift 的运行库被打包进 app 中。

另外还需一提的是对于第三方框架的使用。虽然我们在"代码组织和 Framework"一节中提到了使用 Swift 构建框架并提供使用的方法，但是现在直接使用编译好的 Swift 框架**并不是**一件明智的事情。对于第三方 Swift 代码的正确使用方式，要么是直接将源代码添加到项目中进行编译，要么是将生成 Framework 的项目作为依赖添加到自己的项目中一起编译。总之，我们最好是取得源代码并确保让其与我们的项目用同一套运行环境，任何已编译好的二进制包在运行使用时都是要承担 Swift 版本升级所带来的兼容性风险的。

这个打包进 app 的运行环境可以说是到目前为止使用 Swift 开发的最大的限制。关于这个限制，Apple 承诺将在一两年内 Swift 持续改进并且拥有一个相对稳定的运行时 API 后，将其添加到系统中进行固定。届时这篇文章中的所有限制都将不再存在。但是在此之前，如果我们想用 Swift 进行开发的话，就必须面对和承受这些不足。

Tip 100 列举 enum 类型

设想我们有这样一个需求：根据一副扑克牌的花色和牌面大小的 enum 类型，凑出一套不含大小王的扑克牌的数组。

扑克牌花色和牌面大小分别由下面两个 enum 来定义：

```
enum Suit: String {
    case Spades = "黑桃"
    case Hearts = "红桃"
    case Clubs = "草花"
    case Diamonds = "方片"
}

enum Rank: Int, Printable {
    case Ace = 1
    case Two, Three, Four, Five, Six, Seven, Eight, Nine, Ten
    case Jack, Queen, King
    var description: String {
        switch self {
        case .Ace:
            return "A"
        case .Jack:
            return "J"
        case .Queen:
            return "Q"
        case .King:
            return "K"
        default:
            return String(self.rawValue)
        }
    }
```

```
}
```

最容易想到的方式当然不外乎对两个 enum 进行两次循环，先循环取出 Suit 中的四种花色，然后在其中循环 Rank 类型取出数字，就可以配合得到 52 张牌了。

在其他很多语言中，我们可以对 enum 类型或者其某个类似 values 的属性直接进行枚举，写出来的话，可能会是类似这样的代码：

```
for suit in Suit.values {
    for rank in Rank.values {
        // ...
        // 处理数据
    }
}
```

但是在 Swift 中，由于在 enum 中的某一个 case 中我们是可以添加具体值的（就是 case Some(T) 这样的情况），因此直接使用 for...in 的方式在语义上是无法表达出所有情况的。不过因为在我们这个特定的情况中并没有带有参数的枚举类型，所以我们可以利用 static 的属性来获取一个可以进行循环的数据结构：

```
protocol EnumeratableEnumType {
    class var allValues: [Self] {get}
}

enum Suit: String, EnumeratableEnumType {

    //...

    static var allValues: [Suit] {
        return [.Spades, .Hearts, .Clubs, .Diamonds]
    }
}

enum Rank: Int, Printable, EnumeratableEnumType {

    //...

    static var allValues: [Rank] {
        return [.Ace, .Two, .Three,
            .Four, .Five, .Six,
```

```
            .Seven, .Eight, .Nine,
            .Ten, .Jack, .Queen, .King]
    }
}
```

在这里我们使用了一个接口来更好地定义适用的接口。关于其中的 class 和 static 的使用情景，可以参看 “static 和 class” 一节。在实现了 allValues 后，我们就可以按照上面的思路写出：

```
for suit in Suit.allValues {
    for rank in Rank.allValues {
        println("\(suit.rawValue)\(rank)")
    }
}

// 输出：
// 黑桃A
// 黑桃2
// 黑桃3
// ...
// 方片K
```

后记及致谢

其实写这本书纯属心血来潮。从产生想法到做出决定花了一炷香的时间，而从下笔到这篇后记花了一个月的时间。

> 这么点儿时间，确实是不够写出一本好书的

这是我到现在，所得到的第一个教训。虽然在博客上已经坚持写了两三年，但是就写书来说，这还是自己的第一次。从刚下笔时的诚惶诚恐，到中途的渐入佳境，挥挥洒洒，再到最后绞尽脑汁，也算是在这一个月里把种种酸甜苦辣尝了个遍。诚然，不会有哪一本书能完美，大家也不必指望能得到什么武林秘籍帮你一夜功成。知识的积累从来都只能依靠日常点滴，而我也尽了自己的努力，尝试将我的积累分享出来，仅此而已。

所谓靡不有初，鲜克有终，我看过太多的雄心壮志，也见过许多的半途而废。如果您看到了这个后记，那么大概您真的是耐着性子把这本有些枯燥书都看完了。我很感谢您的坚持和对我的忍耐，并希望这些积累能够在您自己的道路上起到一些帮助。当然也可能您是喜欢"直接翻看后记"的"剧透党"，但我依然想要进行感谢，这个世界总会因为感谢而温暖和谐。

这本书在写作过程中参考了许多资料，包括但不限于 Apple 关于 Swift 的官方文档[1]，Apple 开发者论坛[2]上关于 Swift 的讨论，Stackoverflow[3] 的 Swift 标签的所有问题，NSHipster[4]，NSBlog 的周五问答[5]，Airspeed Velocity[6]，猫 · 仁波切[7]，以及其他一些由于篇幅限制而没有列出的参考博客。在此对这些社区的贡献者们表示衷心感谢。

在我写作的过程中，国内的许多开发者朋友们忍受了我的各种莫名其妙的低级疑问，他们的热心和细致的解答，对这本书的深入和准确性起到了很大的帮助。而本书的预售工作也在大家的捧场和宣传下顺利地进行并完成，在这里我想一并向他们表示感谢，正是你们的

[1] *https://developer.apple.com/swift/*
[2] *https://devforums.apple.com/community/tools/languages/swift*
[3] *http://stackoverflow.com/questions/tagged/swift*
[4] *http://nshipster.com*
[5] *https://www.mikeash.com/pyblog/*
[6] *http://airspeedvelocity.net*
[7] *http://andelf.github.io/blog/2014/06/15/swift-and-c-interop/*

坚持和努力，让国内的开发者社区如此充满活力。

最后，感谢我的家人在这一个月时间内对我的照顾，让我可以不用承担和思考太多写书以外的事情。随着这本书暂时告一段落，我想是时候回归到每天洗碗和拖地的日常劳动中去了。

我爱这个世界，愿程序让这个世界变得更美好！